U0263588

流体网络理论在火电机组热力系统分析中的应用

宋东辉 著

科学出版社

北京

内 容 简 介

　　本书是作者从事火电机组热力系统分析方法研究的成果总结。区别于循环函数法、等效焓降法等传统方法，书中将流体网络理论引入热力系统分析，将热力系统分析分解为流体网络分析和基于流体网络计算结果的焓值分布分析两个层面。该方法可用于热力系统变工况计算，适用于热力系统的设计、分析和技术改造。

　　本书可供工程热物理、热能工程等相关专业的科技人员、工程设计人员阅读，也可作为高等院校相关专业研究生教材、本科生选修教材或参考书。

图书在版编目(CIP)数据

流体网络理论在火电机组热力系统分析中的应用 / 宋东辉著.—北京：科学出版社，2018

　ISBN 978-7-03-057664-4

　Ⅰ. ①流…　Ⅱ. ①宋…　Ⅲ. ①流体系统(自动化)-应用-火电厂-热力系统-系统分析　Ⅳ. ①TM621.4

　中国版本图书馆CIP数据核字(2018)第117687号

责任编辑：吴凡洁　王楠楠 / 责任校对：彭　涛
责任印制：师艳茹 / 封面设计：铭轩堂

科学出版社 出版
北京东黄城根北街 16 号
邮政编码：100717
http://www.sciencep.com
保定市中画美凯印刷有限公司 印刷
科学出版社发行　各地新华书店经销

*

2018 年 6 月第　一　版　开本：720 × 1000 1/16
2018 年 6 月第一次印刷　印张：9
字数：169 000

定价：98.00 元
(如有印装质量问题，我社负责调换)

前　　言

目前，火力发电仍占我国电源结构的大部分，地位举足轻重。提高火电机组能源利用效率，对于加速国民经济发展的意义重大。

火电机组运行的经济性取决于很多方面，为了提高热能的利用率，降低冷源损失，火电机组普遍采用再热循环和回热加热系统，来提高蒸汽循环的热效率。本书的研究目标就是分析或评价再热循环和回热加热系统对机组循环热效率的影响，包括在各种变工况条件下，再热循环和回热加热系统运行状态的分析。

工质循环流动的通道结构复杂，构成了一个复杂的热力系统，各分支之间互相影响，要研究回热系统或再热系统，不能将它们孤立出来，必须将它们放入大的热力系统中进行研究。因此，本书以某真实火电机组的热力系统为对象，研究热力系统的分析方法及回热系统和再热系统对工质循环热效率的影响。

热力系统的计算和分析方法较多，本书根据自身的研究目的，将热力系统的分析计算方法简化，分解为热力系统流体网络分析和基于流体网络计算结果的焓值分布分析。将流体网络理论思想引入热力系统流体网络计算，通过合理假设，将热力系统流体网络的工质流动简化为不考虑工质换热对工质物性参数影响的一维、稳态流动问题，从而建立热力系统流体网络的等值电路模型，将复杂流体网络的质量流量和压力分布求解，转化为直流电路的电流、电压分布求解，再应用基尔霍夫定律建立等值电路的数学模型，通过求解该模型获得热力系统流体网络的质量流量和压力分布。再根据机组设计参数，建立热力系统焓值分布模型，在热力系统流体网络计算结果的基础上，得到热力系统焓值分布，进而得到机组循环热效率模型。

通过研究，本书应用流体网络理论思想建立热力系统流体网络计算模型，并建立热力系统焓值分布模型，通过将 100%THA、75%THA、50%THA、40%THA 和 30%THA 五个工况的流体网络计算结果及焓值分布计算结果与该机组汽轮机热力特性数据进行比对，验证模型的准确性。在此基础上，本书给出应用该模型求解机组运行中典型问题的方法，包括热力系统流体网络支路流阻变化、给水泵或凝结水泵扬程变化、凝汽器压力变化、加热器水侧管路泄漏等。

在分析再热蒸汽系统和回热加热系统对蒸汽循环热效率的影响时，本书给出再热蒸汽系统和回热加热系统有效度的定义。该定义可以反映再热蒸汽系统和回热加热系统对蒸汽循环热效率的影响方向，以及影响程度的相对大小。

　　本书是作者在火电机组热力系统分析方面所做的开创性工作的总结，希望对丰富和发展这一领域的研究起到推进作用。由于作者水平有限，书中难免存在不足，恳请读者批评指正。

作　者

2018 年 2 月

目　　录

第1章 绪 论

1.1 火电机组热力系统分析

火电机组的运行经济性取决于很多方面,如地理位置因素、设备的技术水平因素、机组的系统设计因素、机组的运行水平因素、机组的管理水平因素等。提高机组的运行经济性是一个复杂的问题,它可以分解为很多研究方向,其中重点之一就是如何提高电能生产过程中能量利用的效率。

电能的生产过程实质是能量的转化过程,因为目前无法从自然界中直接获取电能,所以需要从其他能量形式转化。火电机组通过燃烧的方式将燃料中的化学能转化为热能,再通过水蒸气对汽轮机叶片做功,完成热能到机械能的转化,最后,在发电机内,通过电磁感应实现机械能到电能的转化。

电能转化过程中,各个环节的转化效率不尽相同。目前,电站锅炉的热效率一般在93%左右,机械能的传递效率和机械能到电能的转化效率,一般在95%以上,而热能到机械能转化的这个环节,由于存在较大的冷源损失,热能最终转化为机械能的比例在40%左右,是降低能源利用率最多的环节。为了提高热能的利用率,降低冷源损失,火电机组普遍采用再热循环和回热加热系统来提高蒸汽循环的热效率。

再热循环和回热加热系统对热力系统循环热效率的影响均分为两个方面。再热循环一方面可以降低汽轮机低压缸排汽的湿度,同时增大蒸汽的功率,另一方面增加了汽轮机排汽的熵值,增加了热损失。回热加热系统利用汽轮机内的抽汽来加热给水的系统,它一方面提高了给水温度,降低了锅炉燃料的消耗量,另一方面减少了汽轮机内的做功蒸汽总量,从而减少了汽轮机的功率输出。两方面的作用,效果相反,从理论上讲,存在一个最佳设计工况,使再热循环和回热加热系统达到最高的能量利用率。

那么,究竟回热加热系统运行在什么状态?如何比较或者衡量回热加热系统各段抽汽对循环热效率的影响?再热循环和回热加热系统究竟多大程度上提高了循环热效率?探索这些问题答案的过程,其实就是研究回热系统和再热系统运行规律的过程,得到这些问题的答案,有利于找到提高回热系统和再热系统效率的方法,使回热系统运行在最佳运行状态,使提高再热循环效率成为可能。这也是本书研究的目的和意义。

本书从热力系统的流体网络计算入手,应用流体网络理论思想,建立热力系统流体网络的等值直流电路模型,通过对复杂直流电路模型的求解,得到流体网络各节点的压力、流量参数,再建立流体网络的热平衡方程,对热力系统进行变工况下的经济性稳态分析,从而形成基于流体网络理论的热力系统循环热效率分析方法。

1.2 热力系统的分析方法

火电机组的热力系统,是指火电厂实现热功转换热力部分的工艺系统,它通过热力管道及阀门将各主、辅热力设备有机地联系起来,连续地将燃料的能量转换成机械能,最终转变为电能[1]。它是采用热力学分析火电机组经济性的根本对象。

目前,热力学分析方法大多建立在热力学第一定律和热力学第二定律基础上,主要包括常规热平衡法、等效热降法、循环函数法、矩阵分析法、偏微分分析法、符号"㶲"分析法等。

1. 常规热平衡法

常规热平衡法是发电厂设计、热力系统分析、汽轮机设计最基本的方法[2]。它以单台加热器为研究对象,逐段列写加热器的汽水质量平衡和能量平衡方程,以得到各段加热器抽汽系数,并利用功率方程和吸热方程求解系统的热经济指标[3-5]。

这种方法计算准确,但过程烦琐,通用性差,因此,一般只作为其他方法的校验基准[6-12]。

2. 等效热降法

20世纪60年代,苏联专家库兹涅佐夫提出了等效热降法,并在70年代逐步完善,80年代在我国得到广泛应用。等效热降法基于热功转换原理,考虑到设备质量、热力系统结构和参数的特点,以等效热降和抽汽效率的变化来分析热力系统的热经济性[13-19]。

等效热降法分为整体等效热降法和局部等效热降法。局部等效热降法属于能量转化中的平衡法,它用局部运算代替整个系统的繁杂运算,在分析非再热机组时,是一种方便有效的方法[20-22]。但在分析再热机组时,因为要考虑再热蒸汽流量的变化,计算变得烦琐,为了减少计算量,往往需要进行一些近似处理,用牺牲准确性,换取计算的简便。

3. 循环函数法

美国的 Salibury 在 20 世纪 50 年代提出了"加热单元"概念,其后,我国原电力工业部电力建设研究所马芳礼高级工程师,结合工程设计和教学经验创立了循环函数法。循环函数法根据热力系统的参数,列出反映热经济性的基本和综合特性系数的函数方程式,用以分析热力系统工况或系统结构发生变化而引起的经济性变化[23,24]。

在生产实际中,循环函数推导烦琐,因此不如等效热降法应用广泛。在 20 世纪 90 年代,将矩阵思想引入循环函数法的计算中,成为一个新的研究热点[25,26]。

循环函数法在推导不可逆损失时,忽略了末级加热器疏水进入凝汽器所带来的冷源损失,因此,有一定的近似性。并且,该方法在系统结构发生变化时,只限定在局部循环的变化对系统的影响,在分析端差等设备缺陷的影响时,计算不方便[27-30]。

4. 矩阵分析法

矩阵分析法通过矩阵的形式表达热力系统的汽水分布,通过对矩阵求解,并结合功率方程、能量方程的求解,分析热力系统。矩阵分析法的优点是,热力系统的结构和矩阵表达式对应,当热力系统结构或参数发生变化时,只要调整矩阵的结构和矩阵元素数值即可,这增强了矩阵分析法的实用性[31-36]。但要将计算热经济指标的其他方程融入矩阵,还有很多研究工作要做[37-41]。

5. 偏微分分析法

偏微分理论最初用于推导等效焓降和抽汽效率这两个概念[42-43],后来,在实际应用中,用于对热力系统参数的变化进行线性化处理,使发电厂热力系统的概念更加清晰,易于接受[44-49]。通过偏微分理论推导出的辅助汽水流量对发电标准煤耗率影响的强度矩阵,可视为热力系统的固有属性,大大方便了辅助汽水扰动的耗差分析[50,51]。

6. 符号"㶲"分析法

符号"㶲"分析法,其思想建立在热力学第二定律基础上,由西班牙学者 Valero 等提出[52-54],Valero 等认为热力学第二定律所提供的信息并不够分析热力系统,因此提出附加方程 2F-2P-2R 基本准则,由此建立了事件矩阵,通过矩阵运算得到热力系统相应"㶲"的单位"㶲"成本。如果计入设备折旧、维修及劳务工资等非能量费用,可以进一步得到热经济学成本[55-62]。

目前,符号"㶲"分析法还处在发展阶段,很多文献尝试使用这一方法对热力系统的热经济性进行分析，并取得了一些成果[63-67]。

7. 特性试验法

特性试验法指通过对实际运行的机组进行热力特性试验，以确定各运行参数的变化对机组热经济性的影响[68-74]。理论上讲，用特性试验法来确定运行参数或设备参数变化对机组热经济性的影响是可靠的，但实际上，机组运行过程中，性能是在变化的，特性试验法只能在一定时间内有效[75-77]。

8. 特性曲线法

特性曲线法根据汽轮机制造厂家所提供的主蒸汽压力、再热蒸汽温度、主蒸汽温度、排汽压力等参数变化时，汽轮机内功率及循环吸热量修正曲线，来分析当机组初、终参数偏离基准值时，机组经济指标的相对变化[78-83]。

特性曲线法的缺点是当机组投运时间长了后，其性能与特性曲线会存在偏差，使耗差分析的结果产生一定误差。

9. 简化偏导原理算法

简化偏导原理算法从汽轮机功率方程出发，对相应变量求全微分，并进行一些必要的简化，从而得到参数偏离目标值时，热经济指标的相对变化[84-88]。

这种方法有利于分析大扰动参数变化对有关参数的定量影响，但实际计算起来却很麻烦，有些量的变化需要进行详细的变工况计算才能获得，因此，实际应用较少。

10. 热力学法

热力学法根据工质的热力循环进行推导，得到大扰动参数的改变对机组发电标准煤耗率的影响。这种方法的计算误差较大，并且大扰动下汽轮机相对内效率的变化还需要通过变工况计算来确定[89-94]。

11. 变工况分析及热平衡计算法

这一方法主要通过热力系统的变工况计算，得到机组参数变化对机组运行的影响，再利用热平衡方法分析机组的热经济指标[95-99]。汽轮机变工况计算非常复杂，需要很多原始数据或模拟试验数据，工作量大，不适于在线计算。

12. 回归计算方法

回归计算方法中，目前应用较多的有线性回归、神经网络回归、支持向量机回归等。

机组的热经济参数与机组运行参数间存在非线性关系，因此，采用线性回归虽然简便，但存在一定误差[100]。

神经网络回归的优点是支持非线性拟合，并有一定容错性；缺点是容易陷入局部极值，在缺少样本时，网络的泛化能力不强[101]。

支持向量机是目前应用较多的一种研究方法，在处理非线性问题时，能够有效克服维数灾难及局部极小，并具有较好的泛化能力[102-104]。

13. 流图理论方法

流图理论方法利用信号流图反映热力系统的拓扑结构，流图上的节点标志系统变量，支路标志节点之间的连接关系和信号的流动方向，通过求解流图，即可对热力系统进行热经济性分析[105-108]。

以上热力学分析方法，存在计算误差较大，或者计算过程复杂，或者编程计算困难等缺点，没有一种方法比较完善且计算简便，可以成为工程计算中普遍采用的方法。本书基于自身的研究目的，寻找简化的热力系统分析方法，改变传统串联算法的单元制计算方法，将热力系统分析分解为流体网络分析和基于流体网络计算结果的焓值分布分析两个部分，并引入矩阵运算，使流体网络计算和焓值分布计算在各自的算法中"并联"求解。

1.3 流体网络的研究背景

在热力系统的研究过程中，可以发现，要分析热力系统在变工况下的热经济性，首先要计算出工质在各条管道内(包括汽轮机内)流量和压力的变化，而工质流动的管道系统具有复杂的网络拓扑结构，在工程应用中，并不需要知道流体在复杂管道内流动的机理，而只需要知道在管路节点处，流体的压力和流量，因此，可以把复杂的管道系统抽象成一个流体网络，把流体的传输和瞬变问题转化成流体网络节点的压力与支路内的流量问题。流体网络的分析方法多集中于动态分析，主要包括节点压力法、图形建模法、网络法、键合图法等方法。

1. 节点压力法

我国电站流体网络的动态研究源于电站仿真培训系统的开发需求。清华大学于 1983 年开始从事流体网络系统建模与算法研究工作[109]，当时研究的目的是用于电站仿真培训系统的开发。1985 年，清华大学首次提出流体网络系统的实时仿真算法——节点压力法，并成功应用于我国第一套 200MW 火电机组全仿真模拟培训系统的研制工作中，1988 年，经过改进与提高，提出了新的节点压力法，并应用于火电机组仿真培训系统的研制工作中[110]。

节点压力法建立节点压力和设备各自独立的计算模块,各模块间变量相互关联并往复迭代,这种方法建模简单,但存在收敛速度慢、封闭岛计算产生多解等问题。

2. 图形建模法

图形建模法,严格来说,不是一种独立的流体网络求解方法,它主要解决的是以固定图形搭建的任意流体网络的拓扑结构的自动识别问题,从而解决流体网络的图形化建模问题。20 世纪 90 年代初期,国外的仿真研究机构相继推出了图形化建模开发环境[111-113],大大提高了仿真建模的效率,国内的一些单位也在进行积极研制[114-116],1999 年,文献[117]中提出了流体网络拓扑结构在图形建模中的定义和识别方法,解决了流体网络用图形方法建模的问题。

3. 网络法

网络法是结合矩阵运算的一种计算方法,它与节点压力法不同的是,节点压力法通过迭代,实现压力从源点或入口到出口的传递,而网络法,将所有节点的压力方程、流量方程列出后,用矩阵进行统一求解,这样避免了节点压力法在求解可压缩流体网络时出现的流量不守恒问题,同时提高了收敛速度[118-120]。网络法广泛采用的迭代算法为节点残量修正算法,尤其是在航空发动机和润滑油系统的设计及性能分析中[121-126]。网络法还有一些改进方法,如在非稳态流体网络求解时引入压力修正方法和微积分方法,将非线性方程组转化为线性方程组进行求解,从而提高计算的稳定性[127]。

4. 键合图法

键合图理论是 20 世纪 60 年代初美国的 Paynter 所提出的[128]。键合图理论以能量守恒定律为依据,把不同能量领域的多种物理量统一归纳为势、流、位移和动量四种变量,通过广义功率流把系统中的能量参数与元件参数统一起来,利用图示模型的形式揭示系统各变量之间的因果关系。键合图建模方法是一种图形建模方法,通过键合图元间具有明确物理意义和严格因果关系的组合,可以形象地描述系统中各元件、各参数间的信息联系,从而方便地建立系统的状态方程并进行求解。键合图理论在一般机械、车辆系统、工程机械、热力学、生物学、化学、流体传动、社会经济、声学、农业等许多领域得到应用,国外对于键合图理论的研究和应用较多[129-132],国内相对研究较少[133],但已有文献开始将键合图理论应用于热工流体网络的建模研究[134]。

目前,流体网络的研究方法多集中于暂态分析,力求获得参数扰动后,工质流动随时间变化的细节,计算量大。即使是稳态计算,采用的计算方法也很复杂。本书的研究,恰恰不需要知道两个稳态过程中间的过渡过程,而只需研究稳态下的工质质量流量分布和压力分布，因此，本书采用基于流体网络理论的方法，对热力系统流体网络进行求解。

1.4　基于流体网络理论的热力系统分析方法

本书根据自身的研究目的，将热力系统的分析分解为热力系统流体网络分析和基于流体网络计算结果的焓值分布分析。将流体网络理论思想引入热力系统流体网络计算，从而建立热力系统流体网络的等值电路模型，将复杂流体网络的质量流量和压力分布求解，转化为电路的电流、电压分布求解，并应用基尔霍夫定律建立等值电路的数学模型，通过求解该模型获得热力系统流体网络的质量流量和压力分布。再根据机组设计数据，建立热力系统焓值分布模型，在热力系统流体网络计算结果的基础上，计算得到热力系统焓值分布。在此基础上，通过变工况计算，可以得到不同工况下的热力系统焓值分布和循环热效率，以此进行不同条件下的热力系统分析。该方法具体研究思路如下。

(1)热力系统流体网络的建模研究。首先，根据流体网络理论的思想、特点和研究方法以及热力系统对象的特点与研究目的，做出相应假设，将所研究问题简化，应用流体网络理论思想建立热力系统流体网络的等值电路模型，根据基尔霍夫定律，对等值电路模型求解，得到热力系统流体网络的数学模型，应用该数学模型对不同工况进行计算，将计算结果与设计数据比较，验证模型的准确性和可靠性。

(2)热力系统流体网络的变工况研究。在热力系统流体网络模型建立的基础上，研究热力系统流体网络在变工况条件下的求解方法，包括热力系统流体网络中的个别支路流阻变化、重要节点的压力变化、加热器泄漏造成的流体网络支路变化。这些热力系统流体网络的变工况研究，为后续分析变工况条件下的热力系统分析打下了基础。

(3)热力系统热效率模型的建模研究。在热力系统流体网络模型建立的基础上，将汽轮机所有级根据抽汽点划分为几个级段，再根据汽轮机热力特性数据，建立汽轮机各级段的流量-效率模型，从而获得热力系统焓值分布模型，应用该数学模型对不同负荷工况进行计算，将计算结果与设计数据比较，验证模型的准确性和可靠性。

(4)热力系统热效率的变工况分析。在热力系统流体网络的变工况研究及热力系统热效率模型的建模研究的基础上，可对流阻变化、压力变化和支路变化等变工况情况进行热效率计算。

(5)有效度分析。应用本书所提出的建模方法和有效度概念，可对热力系统改造方案进行计算研究，同时可对回热系统和再热系统的运行特点进行分析。

第 2 章　基于流体网络理论的热力系统
流体网络模型的建立

2.1　流体网络的基本理论

2.1.1　流体网络理论的概念

这里所指的"流体网络理论",不是第 1 章中提到的"流体网络"这一概念相关理论的总称,而是使用电气网络和传输线理论来分析流体网络的一种理论。流体网络理论是由研究管内流体传输与瞬变而发展起来的一门应用科学。它可以用来分析发生在工业动力装置、控制测量装置和生物医学工程等各种流体管路系统中的功率与信息的传输过程,以及扰动引起的各种流体瞬变现象。它主要涉及两个学科的内容,一是流体力学,二是电气网络和传输线理论[135]。

2.1.2　流体网络理论的发展

管内流体传输与瞬变的研究工作,最早是从研究波在管路中的传播过程开始的。1808 年英国物理学家 Young 从研究血液流动出发,提出了充满理想流体的弹性管内波传播速度公式。1850 年 Navier 和 Stokes 两人发展了流体力学基本方程,提出了有名的 Navier-Stokes 方程,对可压缩流体的研究起了重大的推动作用。1927年 Quick 最早从理论上对水击现象进行概括,水击现象的基本原理已被当时的人们所掌握。而研究以上问题所涉及的流体管路数学模型,只停留在理想流体无损管路一维波动方程的初级模型基础上。直到 1950 年 Iberall 利用水击理论和不可压缩流体力学等方面的研究成果,才得出了管路中包含黏性摩擦和热传导两个因素的流体管路的第一个完整模型[136]。但由于该模型结构十分繁杂,不便于在实际工程问题中应用。1957 年,Rohman 和 Grogan 对 Iberall 所提出模型的解直接与电传输线的结构相比拟,由于采用线性化的分析方法,压力被模拟为电压,体积流量被模拟成电流,并引入相应于电阻、电感和电容的等值流体参数,从而使解答具有更加简洁的形式。1958 年以后,用电气等值回路方法分析流体系统的动态过程逐渐增多,在射流体网络信号分析、人体动脉管系脉搏波传播的瞬态特性等方面都取得了很大进展。

2.1.3　流体网络的特点和研究方法

（1）流体网络是由研究管内流体传输与瞬变而发展起来的一门应用科学。在它研究的范围内，流体管路的轴向长度远大于其横向长度，其轴向流动速度远大于其横向流动速度。因此可以略去横向流动速度分量，认为所有流动参数是沿管路横截面求平均值的。

（2）通常，流体网络理论研究的对象的流动参数是轴向距离和时间的函数，即一元不定常流动。

（3）流源压力的波形可以是正弦波、矩形波，也可以是按一定函数规律变化的规则和不规则波形。

（4）流体传输与瞬变不仅在简单的单管路中进行，在许多情况下往往是在以网络形式出现的管系中进行的。这个管系既包含许多分布参数的主管路和支路，又包括许多集中参数的流体元件。

除了上述特点，管内流动还受许多因素，如流体惯性、黏性、压缩性、热传导、管路几何形状和大小及管路端部阻抗等的影响而变得十分复杂。即使对于最简单的单管路传输问题，其流体力学运动方程也是非线性的，求解十分困难。对于常见的带有若干分叉管路和不同流体部件的流体管系，因其内部流动现象的许多机理还不十分清楚，要完整地建立起描述其运动过程的流体力学方程式更不容易。工程实际应用中，比较关心的是管系中各个管路连接点处压力和流量的瞬态特性，以及它们如何受到流源幅值和频率、管长、管径以及终端、始端阻抗等的影响，而对于管路内部流动机理的详细过程一般并不要求了解。这就使我们有可能把一个流体管系考虑为一个流体网络，把流体管系的传输和瞬变问题化成一个只是求流体网络各个节点瞬态压力和流量的问题，即可以从网络分析的观点研究流体管系的传输和瞬变过程，从而避开单纯从流体力学方法解决时所遇到的一些困难。在流体网络理论发展过程中，大量的理论和实验研究表明，在线性化的假设条件下，从流体力学基本方程出发所推导出的流体传输方程和等效电路与电气网络中相应的传输方程和等效电路，其形式是完全相同的。这就说明完全可以利用电气网络理论中的许多概念和方法解决流体网络中的传输与瞬变问题。这就是流体网络理论的基本思想。

2.1.4　流体网络理论存在的问题

流体和电子是两种不同的介质，它们之间存在本质的差异，流体网络中有一些特殊的问题，使它分析起来比电气网络更加困难，具体如下。

（1）流体密度的变化会影响到网络的特性，因此流体要分成不可压缩和可压缩两种不同情况加以研究。

（2）作用在流体元件上的黏性力与流动的类型有关。相同几何形状的元件在层流和紊流时有不同的特性。

（3）流体力学中运动方程为非线性的，其管路阻抗一般也是非线性的，因此要得到普遍适用的流体网络理论是十分困难的。

（4）流体网络的特征量比对应的电学量更难于测量，使流体网络理论的发展受到来自流体测量技术方面的阻碍。

由于上述困难，流体网络理论不能像电气网络理论那样有一整套比较系统和成熟的理论。目前，流体网络理论把问题局限在"小扰动"情况下，使方程线性化。这时电气网络中的线性系统理论才能成为有力的分析工具。

流体网络理论基本遵循从流体力学方程出发，导出流体网络中每个元件和管路与电气网络相对应的等值数学模型，从而建立起网络的等值线路和等值方程，最后用网络分析方法得到各个节点上的压力和流量的瞬态特性。

2.2　热力系统流体网络的等值电路模型

2.2.1　热力系统热平衡图

本书以某电厂一台 350MW 超临界火电机组为示范研究对象，建立其流体网络的等值电路模型。该机组回热加热系统由 3 台高压加热器、4 台低压加热器和 1 台除氧器构成，加热器疏水方式为逐级自流，不设疏水泵；第一段抽汽位于高压缸，第二段抽汽位于高压缸排汽，第三、第四、第五段抽汽位于中压缸，第六、第七、第八段抽汽位于低压缸。给水系统配备 2 台汽动给水泵、1 台电动给水泵，汽动给水泵的汽源来自第四段抽汽，排汽进入凝汽器。汽轮机为双缸双排汽，高中压缸合缸、对头布置，1 台低压缸，1 次中间再热。图 2-1 为该机组汽轮机热耗率保证（THA）工况的热力系统图。图 2-1 中，P 为工质压力，单位为 MPa；T 为工质温度，单位为℃；H 为工质焓，单位 kJ/kg；G 为工质流量，单位为 t/h。

该工况设计单位给出的功率为 350MW，汽耗为 2.841kg/(kW·h)，热耗为 7647.3kJ/(kW·h)。

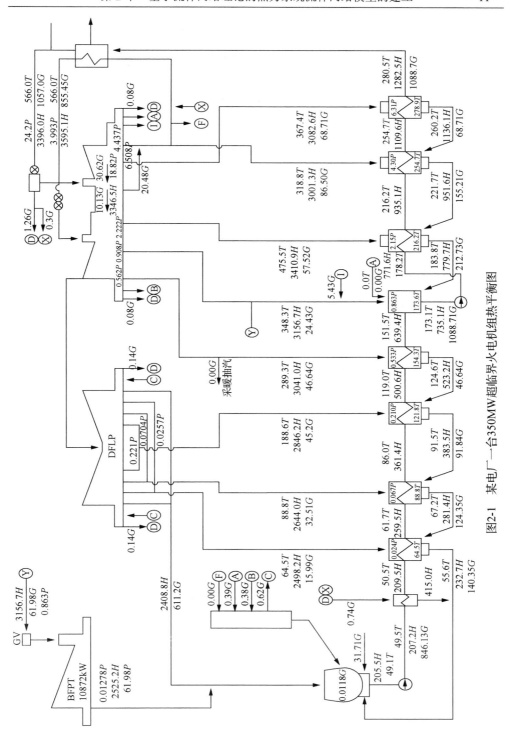

图2-1　某电厂一台350MW超临界火电机组热平衡图

2.2.2 热力系统等值电路模型所做的假设

本书要研究的是热力系统的稳态工况，即研究的每一个工况，参数随时间的变化都很微小，对于要研究的内容，可忽略不计，这样可以将热力系统的流体网络比拟为直流电路进行分析，大大简化计算量。

根据 2.1 节所介绍的流体网络理论，做如下比拟：以工质压力 P 比拟电压，以工质的质量流量 Q 比拟电流，定义一段管道或设备的流阻 R（式 (2-1)）比拟电阻，以水泵比拟电压源。这里需要说明，管道流阻是一个复杂计算对象，它与管道的摩擦系数、工质黏性系统、工质密度、工质流速、管道的几何形状等参数有关，往往呈复杂的非线性，在这里为了简化计算，利用定义式和设计参数，算得设计工况下的流阻 R：

$$R = \frac{\Delta P}{Q} \tag{2-1}$$

式中，ΔP 为管道或设备两端的压力差，比拟电阻两端的电压差。

2.2.3 热力系统的流体网络等值电路建模

图 2-2 为图 2-1 中热力系统的流体网络根据流体网络理论建立的等值电路模型。表 2-1～表 2-4 列出了图 2-2 中各符号的意义。

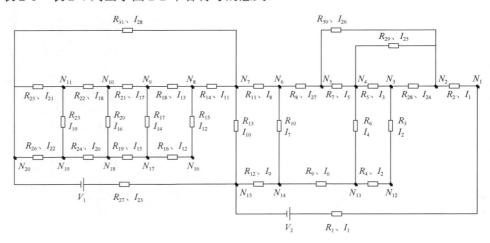

图 2-2　热力系统的流体网络等值电路模型

为简化计算，汽轮机轴端漏汽部分进行了以下处理，接入第四段抽汽的高压缸部分轴端漏汽 5.16t/h，直接按第四段抽汽计算，省略了轴封至第四段抽汽的管线。高压缸其余部分漏汽、中压缸漏汽、阀杆漏汽，都计入中压缸冷却蒸汽；低压缸轴封漏汽计入小机排汽。由于漏汽量较少，对计算的影响较小，且整体电路模型应质量守恒，做以上假设。

表 2-1　等值电路模型中电阻符号 $R_1 \sim R_{31}$ 的意义

符号	意义
R_1	给水泵出口至汽轮机前的管道流阻
R_2	汽轮机进汽部分及调节结流阻
R_3	第一段抽汽管道及 1 号高加汽侧流阻
R_4	1 号高加疏水管道流阻
R_5	第一、第二段抽汽间的汽轮机级
R_6	第二段抽汽管道及 2 号高加汽侧流阻
R_7	高压缸排汽管道流阻(冷再)
R_8	再热蒸汽管道流阻(热再)
R_9	2 号高加疏水管道流阻
R_{10}	第三段抽汽管道及 3 号高加汽侧流阻
R_{11}	第三、第四段抽汽间的汽轮机级
R_{12}	3 号高加疏水管道流阻
R_{13}	第四段抽汽管道及除氧器内蒸汽流阻
R_{14}	第四、第五段抽汽间的汽轮机级
R_{15}	第五段抽汽管道及 5 号低加汽侧流阻
R_{16}	5 号低加疏水管道流阻
R_{17}	第六段抽汽管道及 6 号低加汽侧流阻
R_{18}	第五、第六段抽汽间的汽轮机级
R_{19}	6 号低加疏水管道流阻
R_{20}	第七段抽汽管道及 7 号低加汽侧流阻
R_{21}	第六、第七段抽汽间的汽轮机级
R_{22}	第七、第八段抽汽间的汽轮机级
R_{23}	第八段抽汽管道及 8 号低加汽侧流阻
R_{24}	7 号低加疏水管道流阻
R_{25}	第八段抽汽后汽轮机级及凝汽器汽阻
R_{26}	8 号低加疏水管道流阻
R_{27}	凝结水泵出口至除氧器间凝结水管道流阻
R_{28}	调节结后至第一段抽汽间汽轮机级
R_{29}	平衡鼓蒸汽流阻
R_{30}	中压缸冷却蒸汽流阻
R_{31}	小汽轮机抽汽管道及小汽轮机流阻

表 2-2 等值电路模型中电流符号 $I_1 \sim I_{28}$ 的意义

符号	意义
I_1	主蒸汽流量
I_2	第一段抽汽流量
I_3	第一、第二段抽汽间汽轮机蒸汽流量
I_4	第二段抽汽流量
I_5	高压缸排汽流量
I_6	2 号高加疏水流量
I_7	第三段抽汽流量
I_8	第三、第四段抽汽间汽轮机蒸汽流量
I_9	3 号高加疏水流量
I_{10}	第四段抽汽流量
I_{11}	第四、第五段抽汽间汽轮机蒸汽流量
I_{12}	第五段抽汽流量
I_{13}	第五、第六段抽汽间汽轮机蒸汽流量
I_{14}	第六段抽汽流量
I_{15}	6 号低加疏水流量
I_{16}	第七段抽汽流量
I_{17}	第六、第七段抽汽间汽轮机蒸汽流量
I_{18}	第七、第八段抽汽间汽轮机蒸汽流量
I_{19}	第八段抽汽流量
I_{20}	7 号低加疏水流量
I_{21}	汽轮机排汽流量
I_{22}	8 号低加疏水流量
I_{23}	凝结水流量
I_{24}	调节结后至第一段抽汽间汽轮机流量
I_{25}	平衡鼓漏汽流量
I_{26}	中压缸冷却蒸汽流量
I_{27}	再热蒸汽流量
I_{28}	小汽轮机用蒸汽流量

表 2-3　等值电路模型中节点符号 $N_1 \sim N_{20}$ 的意义

符号	意义
N_1	汽轮机进汽前
N_2	平衡鼓漏汽点，中压缸冷却蒸汽也从此点引出
N_3	汽轮机第一段抽汽点
N_4	汽轮机第二段抽汽点
N_5	汽轮机高压缸排汽点
N_6	汽轮机第三段抽汽点
N_7	汽轮机第四段抽汽点
N_8	汽轮机第五段抽汽点
N_9	汽轮机第六段抽汽点
N_{10}	汽轮机第七段抽汽点
N_{11}	汽轮机第八段抽汽点
N_{12}	1 号高加汽侧凝结点
N_{13}	2 号高加汽侧凝结点
N_{14}	3 号高加汽侧凝结点
N_{15}	除氧器汽侧凝结点
N_{16}	5 号低加汽侧凝结点
N_{17}	6 号低加汽侧凝结点
N_{18}	7 号低加汽侧凝结点
N_{19}	8 号低加汽侧凝结点
N_{20}	凝汽器汽侧凝结点

表 2-4　等值电路模型中电源符号 $V_1 \sim V_2$ 的意义

符号	意义
V_1	凝结水泵
V_2	给水泵

2.3　基于等值电路模型的热力系统流体网络的数学模型

2.3.1　基尔霍夫定律

2.2 节给出了热力系统流体网络的等值电路模型，这是一个复杂的直流电路模型，要求解这个电路模型，有很多种方法，本书采用基尔霍夫电压定律和基尔霍夫电流定律结合的求解方法，列出电路模型的约束方程组。

基尔霍夫电流定律：在任一瞬时，流向某一节点的电流之和恒等于由该节点流出的电流之和。

基尔霍夫电压定律：在任一瞬时，沿电路中的任一回路绕行一周，在该回路上电动势之和恒等于各电阻上的电压降之和。

下面介绍几个电路名词。

支路：电路中具有两个端点且通过同一电流的每个分支称为支路，该分支上至少有一个元件。

节点：三条或三条以上支路的联结点称为节点。

回路：电路中任意闭合路径称为回路。

网孔：单一闭合路径，其中不包含其他支路的回路称为网孔。

应用基尔霍夫定律时，假设各支路电阻已知，电路中节点为 n 个，网孔数（独立回路数）为 m，应用基尔霍夫电流定律列出 $n–1$ 个独立节点的电流方程，m 个独立回路的电压方程，联立求解 $n–1+m$ 个方程，求出各支路电流。这里 $n–1+m$ 应等于支路数量。

2.3.2　热力系统流体网络的数学模型

图 2-2 中符合电路节点定义的有 17 个，可列出 16 个节点电流方程，独立回路为 12 个，可列出 12 个独立回路电压方程，28 个方程联立求解，可得到 28 个支路（共 28 个支路，全部可以求出）中的电流。

节点电流方程：

$$I_1 = I_{24} + I_{25} + I_{26} \tag{2-2}$$

$$I_{24} = I_3 + I_2 \tag{2-3}$$

$$I_{25} + I_3 = I_5 + I_4 \tag{2-4}$$

$$I_{27} = I_{26} + I_5 \tag{2-5}$$

$$I_{27} = I_8 + I_7 \tag{2-6}$$

$$I_8 = I_{10} + I_{11} + I_{28} \tag{2-7}$$

$$I_{11} = I_{12} + I_{13} \tag{2-8}$$

$$I_{13} = I_{14} + I_{17} \tag{2-9}$$

$$I_{17} = I_{16} + I_{18} \tag{2-10}$$

$$I_{18} = I_{19} + I_{21} \tag{2-11}$$

$$I_6 = I_2 + I_4 \tag{2-12}$$

$$I_9 = I_6 + I_7 \tag{2-13}$$

$$I_1 = I_9 + I_{10} + I_{23} \tag{2-14}$$

$$I_{15} = I_{12} + I_{14} \tag{2-15}$$

$$I_{20} = I_{15} + I_{16} \tag{2-16}$$

$$I_{22} = I_{19} + I_{20} \tag{2-17}$$

独立回路电压方程：

$$R_{25}I_{21} = R_{23}I_{19} + R_{26}I_{22} \tag{2-18}$$

$$R_{22}I_{18} + R_{23}I_{19} = R_{20}I_{16} + R_{24}I_{20} \tag{2-19}$$

$$R_{21}I_{17} + R_{20}I_{16} = R_{17}I_{14} + R_{19}I_{15} \tag{2-20}$$

$$R_{18}I_{13} + R_{17}I_{14} = R_{15}I_{12} + R_{16}I_{12} \tag{2-21}$$

$$R_{14}I_{11} + R_{15}I_{12} + R_{16}I_{12} + R_{19}I_{15} + R_{24}I_{20} + R_{26}I_{22} + R_{27}I_{23}$$
$$= R_{13}I_{10} + U_{nb} \tag{2-22}$$

$$R_{11}I_8 + R_{13}I_{10} = R_{10}I_7 + R_{12}I_9 \tag{2-23}$$

$$R_7I_5 + R_8I_{27} + R_{10}I_7 = R_6I_4 + R_9I_6 \tag{2-24}$$

$$R_5I_3 + R_6I_4 = R_3I_2 + R_4I_2 \tag{2-25}$$

$$R_1I_1 + R_2I_1 + R_{28}I_{24} + R_3I_2 + R_4I_2 + R_9I_6 + R_{12}I_9 = U_{gb} \tag{2-26}$$

$$R_{28}I_{24} + R_5I_3 = R_{29}I_{25} \tag{2-27}$$

$$R_{30}I_{26} = R_{29}I_{25} + R_7I_5 \tag{2-28}$$

$$R_{31}I_{28} = R_{25}I_{21} + R_{22}I_{18} + R_{21}I_{17} + R_{18}I_{13} + R_{14}I_{11} \tag{2-29}$$

式中，U_{nb} 为凝结水泵进出口压差；U_{gb} 为给水泵进出口压差。

流阻根据其定义式(2-1)计算，数据使用 100%THA 工况的设计数据，并将流阻大小计算后放大 1000 倍。

流体网络压力分布数学模型：

$$N_{20} = 0.0049 \tag{2-30}$$

$$N_{15} = N_{20} + U_{nb} - R_{27}/1000 \times I_{23} \tag{2-31}$$

$$N_1 = N_{15} + U_{gb} - R_1/1000 \times I_1 \tag{2-32}$$

$$N_2 = N_1 - R_2/1000 \times I_1 \tag{2-33}$$

$$N_3 = N_2 - R_{28}/1000 \times I_{24} \tag{2-34}$$

$$N_4 = N_3 - R_5/1000 \times I_3 \tag{2-35}$$

$$N_5 = N_4 - R_7/1000 \times I_5 \tag{2-36}$$

$$N_6 = N_5 - R_8/1000 \times I_{27} \tag{2-37}$$

$$N_7 = N_6 - R_{11}/1000 \times I_8 \tag{2-38}$$

$$N_8 = N_7 - R_{14}/1000 \times I_{11} \tag{2-39}$$

$$N_9 = N_8 - R_{18}/1000 \times I_{13} \tag{2-40}$$

$$N_{10} = N_9 - R_{21}/1000 \times I_{17} \tag{2-41}$$

$$N_{11} = N_{10} - R_{22}/1000 \times I_{18} \tag{2-42}$$

$$N_{12} = N_3 - R_3/1000 \times I_2 \tag{2-43}$$

$$N_{13} = N_{12} - R_4/1000 \times I_2 \tag{2-44}$$

$$N_{14} = N_{13} - R_9/1000 \times I_6 \tag{2-45}$$

$$N_{16} = N_8 - R_{15}/1000 \times I_{12} \tag{2-46}$$

$$N_{17} = N_{16} - R_{16}/1000 \times I_{12} \tag{2-47}$$

$$N_{18} = N_{17} - R_{19}/1000 \times I_{15} \tag{2-48}$$

$$N_{19} = N_{18} - R_{24}/1000 \times I_{20} \tag{2-49}$$

2.3.3　数学模型结果验证

方程组式(2-2)～式(2-49)构成了热力系统流体网络等值电路的数学模型，本书采用矩阵的计算方法，对方程组进行求解，基尔霍夫定律保证了方程组的唯一解。

根据 100%THA 设计工况数据计算的流阻值如表 2-5 所示。

表 2-5　根据 100%THA 设计工况数据计算的流阻值　（单位：$10^{-3} \cdot \text{MPa} \cdot \text{s/kg}$）

流阻	数值	流阻	数值	流阻	数值
R_1	12.492	R_{12}	23.254	R_{23}	0.166
R_2	24.043	R_{13}	5.821	R_{24}	1.326
R_3	11.222	R_{14}	1.655	R_{25}	0.121
R_4	110.429	R_{15}	2.297	R_{26}	0.445
R_5	7.663	R_{16}	26.711	R_{27}	5.378
R_6	5.762	R_{17}	0.959	R_{28}	42.892
R_7	1.807	R_{18}	1.731	R_{29}	2528.716
R_8	7.022	R_{19}	6.072	R_{30}	3222.679
R_9	53.041	R_{20}	0.462	R_{31}	64.864
R_{10}	4.342	R_{21}	0.834		
R_{11}	5.547	R_{22}	0.262		

表 2-6～表 2-15 为应用图 2-2 等值电路模型计算的 100% THA、75%THA、50%THA、40%THA 和 30%THA 工况下，各质量流量和节点压力计算值与设计值的对比。

表 2-6　100%THA 工况下各质量流量计算值与设计值对比

质量流量	设计值/(kg/s)	计算值/(kg/s)	（计算值−设计值)/设计值×100/%
I_1	276.18	276.31	0.05
I_2	16.75	16.77	0.12
I_3	249.78	249.98	0.08
I_4	21.52	21.54	0.09
I_5	233.54	233.73	0.08
I_6	38.27	38.30	0.08
I_7	14.28	14.27	−0.07
I_8	223.53	223.74	0.09
I_9	52.55	52.57	0.04
I_{10}	7.56	7.43	−1.72
I_{11}	202.45	202.75	0.15
I_{12}	11.76	11.78	0.17
I_{13}	190.69	190.97	0.15
I_{14}	11.47	11.65	1.57
I_{15}	23.22	23.43	0.90
I_{16}	8.45	8.51	0.71
I_{17}	177.64	179.32	0.95
I_{18}	169.19	170.81	0.96

质量流量	设计值/(kg/s)	计算值/(kg/s)	(计算值−设计值)/设计值×100/%
I_{19}	9.03	8.86	−1.88
I_{20}	31.67	31.94	0.85
I_{21}	161.84	161.95	0.07
I_{22}	40.70	40.79	0.22
I_{23}	216.07	216.31	0.11
I_{24}	266.53	266.75	0.08
I_{25}	5.28	5.28	0.00
I_{26}	4.27	4.28	0.23
I_{27}	237.81	238.01	0.08
I_{28}	13.52	13.57	0.37

表 2-7　　100%THA 工况下各节点压力计算值与设计值对比

节点	设计值/MPa	计算值/MPa	(计算值−设计值)/设计值×100/%
N_1	24.2000	24.2199	0.08
N_2	17.5600	17.5767	0.10
N_3	6.1280	6.1353	0.12
N_4	4.2140	4.2197	0.14
N_5	3.7920	3.7974	0.14
N_6	2.1220	2.1260	0.19
N_7	0.8820	0.8848	0.32
N_8	0.5470	0.5493	0.42
N_9	0.2170	0.2188	0.83
N_{10}	0.0689	0.0693	0.58
N_{11}	0.0245	0.0245	0.00
N_{12}	5.9400	5.9471	0.12
N_{13}	4.0900	4.0956	0.14
N_{14}	2.0600	2.0640	0.19
N_{15}	0.8380	0.8416	0.43
N_{16}	0.5200	0.5223	0.44
N_{17}	0.2060	0.2077	0.83
N_{18}	0.0650	0.0654	0.62
N_{19}	0.0230	0.0230	0.00
N_{20}	0.0049	0.0049	0.00

表 2-8　75%THA 工况下各质量流量计算值与设计值对比

质量流量	设计值/(kg/s)	计算值/(kg/s)	(计算值–设计值)/设计值×100/%
I_1	199.37	199.64	0.14
I_2	10.49	10.50	0.10
I_3	182.44	182.69	0.14
I_4	13.71	13.72	0.07
I_5	171.95	172.19	0.14
I_6	24.19	24.23	0.17
I_7	9.66	9.65	−0.10
I_8	165.51	165.76	0.15
I_9	33.85	33.88	0.09
I_{10}	5.25	5.15	−1.90
I_{11}	152.15	152.47	0.21
I_{12}	8.06	8.08	0.25
I_{13}	144.09	144.39	0.21
I_{14}	8.07	8.09	0.25
I_{15}	16.13	16.16	0.19
I_{16}	5.89	5.90	0.17
I_{17}	136.02	136.31	0.21
I_{18}	130.13	130.41	0.22
I_{19}	5.29	5.30	0.19
I_{20}	22.01	22.06	0.23
I_{21}	124.84	125.11	0.22
I_{22}	27.30	27.36	0.22
I_{23}	160.27	160.61	0.21
I_{24}	192.93	193.19	0.13
I_{25}	3.22	3.22	0.00
I_{26}	3.22	3.22	0.00
I_{27}	175.17	175.41	0.14
I_{28}	8.12	8.14	0.25

表 2-9　75%THA 工况下各节点压力计算值与设计值对比

节点	设计值/MPa	计算值/MPa	(计算值–设计值)/设计值×100/%
N_1	19.1000	19.1265	0.14
N_2	12.8970	12.9151	0.14
N_3	4.5410	4.5478	0.15
N_4	3.1210	3.1259	0.16
N_5	2.8090	2.8134	0.16
N_6	1.5820	1.5848	0.18
N_7	0.6680	0.6694	0.21
N_8	0.4160	0.4169	0.22
N_9	0.1650	0.1653	0.18
N_{10}	0.0520	0.0521	0.19

节点	设计值/MPa	计算值/MPa	(计算值−设计值)/设计值×100/%
N_{11}	0.0187	0.0187	0.00
N_{12}	4.4100	4.4166	0.15
N_{13}	3.0300	3.0347	0.16
N_{14}	1.5300	1.5328	0.18
N_{15}	0.6350	0.6370	0.31
N_{16}	0.3950	0.3958	0.20
N_{17}	0.1570	0.1573	0.19
N_{18}	0.0490	0.0491	0.20
N_{19}	0.0180	0.0180	0.00
N_{20}	0.0049	0.0049	0.00

表 2-10　50%THA 工况下各质量流量计算值与设计值对比

质量流量	设计值/(kg/s)	计算值/(kg/s)	(计算值−设计值)/设计值×100/%
I_1	131.53	131.98	0.34
I_2	5.92	5.94	0.34
I_3	123.41	123.83	0.34
I_4	7.72	7.74	0.26
I_5	115.70	116.09	0.34
I_6	13.64	13.69	0.37
I_7	5.93	5.96	0.51
I_8	111.96	112.33	0.33
I_9	19.57	19.65	0.41
I_{10}	3.28	3.36	2.44
I_{11}	104.99	105.28	0.28
I_{12}	4.98	4.99	0.20
I_{13}	100.01	100.28	0.27
I_{14}	5.13	5.14	0.19
I_{15}	10.11	10.14	0.30
I_{16}	3.71	3.72	0.27
I_{17}	94.89	95.14	0.26
I_{18}	91.18	91.43	0.27
I_{19}	2.36	2.37	0.42
I_{20}	13.81	13.85	0.29
I_{21}	88.82	89.06	0.27
I_{22}	16.18	16.22	0.25
I_{23}	108.68	108.98	0.28
I_{24}	129.34	129.77	0.33
I_{25}	0.00	0.00	0.00
I_{26}	2.20	2.20	0.00
I_{27}	117.89	118.29	0.34
I_{28}	3.69	3.70	0.27

表 2-11　50%THA 工况下各节点压力计算值与设计值对比

节点	设计值/MPa	计算值/MPa	(计算值−设计值)/设计值×100/%
N_1	12.7000	12.7427	0.34
N_2	8.7730	8.8022	0.33
N_3	3.0820	3.0920	0.32
N_4	2.1030	2.1097	0.32
N_5	1.8930	1.8990	0.32
N_6	1.0750	1.0783	0.31
N_7	0.4630	0.4642	0.26
N_8	0.2890	0.2898	0.28
N_9	0.1150	0.1153	0.26
N_{10}	0.0360	0.0361	0.28
N_{11}	0.0132	0.0132	0.00
N_{12}	2.9900	2.9997	0.32
N_{13}	2.0400	2.0465	0.32
N_{14}	1.0400	1.0431	0.30
N_{15}	0.4400	0.4407	0.16
N_{16}	0.2750	0.2757	0.25
N_{17}	0.1100	0.1103	0.27
N_{18}	0.0340	0.0341	0.29
N_{19}	0.0130	0.0130	0.00
N_{20}	0.0049	0.0049	0.00

表 2-12　40%THA 工况下各质量流量计算值与设计值对比

质量流量	设计值/(kg/s)	计算值/(kg/s)	(计算值−设计值)/设计值×100/%
I_1	106.48	106.73	0.23
I_2	4.47	4.48	0.22
I_3	100.19	100.42	0.23
I_4	5.79	5.80	0.17
I_5	94.41	94.63	0.23
I_6	10.26	10.28	0.19
I_7	4.63	4.64	0.22
I_8	91.59	91.81	0.24
I_9	14.89	14.92	0.20
I_{10}	2.58	2.58	0.00
I_{11}	86.52	86.72	0.23
I_{12}	3.91	3.91	0.00
I_{13}	82.61	82.81	0.24
I_{14}	4.06	4.07	0.25
I_{15}	7.97	7.99	0.25

质量流量	设计值/(kg/s)	计算值/(kg/s)	(计算值−设计值)/设计值×100/%
I_{16}	2.94	2.94	0.00
I_{17}	78.55	78.74	0.24
I_{18}	75.61	75.80	0.25
I_{19}	1.41	1.41	0.00
I_{20}	10.90	10.93	0.28
I_{21}	74.21	74.39	0.24
I_{22}	12.31	12.34	0.24
I_{23}	89.01	89.23	0.25
I_{24}	104.66	104.90	0.23
I_{25}	0.00	0.00	0.00
I_{26}	1.82	1.82	0.00
I_{27}	96.23	96.45	0.23
I_{28}	2.50	2.50	0.00

表 2-13　40%THA 工况下各节点压力计算值与设计值对比

节点	设计值/MPa	计算值/MPa	(计算值−设计值)/设计值×100/%
N_1	10.1900	10.2135	0.23
N_2	7.1680	7.1844	0.23
N_3	2.5210	2.5268	0.23
N_4	1.7110	1.7150	0.23
N_5	1.5400	1.5436	0.23
N_6	0.8780	0.8801	0.24
N_7	0.3810	0.3819	0.24
N_8	0.2380	0.2386	0.25
N_9	0.0950	0.0952	0.21
N_{10}	0.0297	0.0298	0.34
N_{11}	0.0109	0.0109	0.00
N_{12}	2.4500	2.4557	0.23
N_{13}	1.6600	1.6639	0.23
N_{14}	0.8500	0.8520	0.24
N_{15}	0.3620	0.3629	0.25
N_{16}	0.2260	0.2265	0.22
N_{17}	0.0900	0.0902	0.22
N_{18}	0.0280	0.0281	0.36
N_{19}	0.0100	0.0100	0.00
N_{20}	0.0049	0.0049	0.00

表 2-14　30%THA 工况下各质量流量计算值与设计值对比

质量流量	设计值/(kg/s)	计算值/(kg/s)	(计算值−设计值)/设计值×100/%
I_1	81.26	81.46	0.25
I_2	3.11	3.12	0.32
I_3	76.67	76.89	0.29
I_4	4.09	4.10	0.24
I_5	72.58	72.79	0.29
I_6	7.20	7.22	0.28
I_7	3.35	3.36	0.30
I_8	70.71	70.89	0.25
I_9	10.55	10.57	0.19
I_{10}	1.89	1.90	0.53
I_{11}	67.00	67.17	0.25
I_{12}	2.85	2.86	0.35
I_{13}	64.15	64.31	0.25
I_{14}	3.01	3.02	0.33
I_{15}	5.86	5.88	0.34
I_{16}	2.17	2.18	0.46
I_{17}	61.14	61.29	0.25
I_{18}	58.97	59.11	0.24
I_{19}	0.54	0.54	0.00
I_{20}	8.04	8.06	0.25
I_{21}	58.43	58.57	0.24
I_{22}	8.57	8.59	0.23
I_{23}	68.82	68.99	0.25
I_{24}	79.78	80.01	0.29
I_{25}	0.01	0.01	0.00
I_{26}	1.47	1.45	−1.36
I_{27}	74.06	74.24	0.24
I_{28}	1.81	1.82	0.55

表 2-15　30%THA 工况下各节点压力计算值与设计值对比

节点	设计值/MPa	计算值/MPa	(计算值–设计值)/设计值×100/%
N_1	8.9200	8.9435	0.26
N_2	5.4300	5.4449	0.27
N_3	1.9250	1.9301	0.26
N_4	1.3130	1.3163	0.25
N_5	1.1810	1.1840	0.25
N_6	0.6750	0.6767	0.25
N_7	0.2940	0.2947	0.24
N_8	0.1840	0.1844	0.22
N_9	0.0740	0.0742	0.27
N_{10}	0.0230	0.0230	0.00
N_{11}	0.0085	0.0085	0.00
N_{12}	1.8700	1.8749	0.26
N_{13}	1.2700	1.2732	0.25
N_{14}	0.6600	0.6616	0.24
N_{15}	0.2800	0.2807	0.25
N_{16}	0.1750	0.1754	0.23
N_{17}	0.0700	0.0702	0.29
N_{18}	0.0220	0.0220	0.00
N_{19}	0.0050	0.0050	0.00
N_{20}	0.0049	0.0049	0.00

　　根据表 2-6～表 2-15 的结果可知，图 2-2 的等值电路模型的思路是正确的，由于简化模型，出现了计算结果的误差，特别是 I_{10}（第四段抽汽流量）。这一方面反映了轴端漏汽的处理的影响，另一方面反映了在这个等值电路中，I_{10} 的变化是比较敏感的，也就是说在热力系统中，第四段抽汽的蒸汽质量流量在受到扰动时变化相对于其他部分大。从电路上看，N_7 和 N_{15} 两个节点向低压缸侧看，整个低压缸、低压加热器和凝汽器部分相当于第四段抽汽的并联部分，因此，低压部分整体流阻发生变化，第四段抽汽的变化会比较明显。

2.4　变工况条件下热力系统流体网络模型的建立

　　2.3 节介绍了在设计工况下，等值电路模型的计算结果，证明在计算的五个工况下，模型是基本准确的，各部分质量流量相对误差在±2.5%以内。接下来，本书将介绍变工况情况下等值电路模型的处理方法和一些算例的计算结果。

　　此处涉及的变工况计算，不考虑负荷的变化，因为本书也曾尝试使用有限的设计数据，对几个工况下的流阻进行拟合，得到流阻随负荷变化的函数关系，但流阻本身随负荷变化的物理意义并不清晰，得到的函数关系以及由此计算出的质量流量也缺少足够的数据验证，因此，这里不对变负荷这种变工况情况进行讨论。这里只讨论在稳态情况下应用流体网络理论对以下三类问题的处理：流体网络中流阻的变化、个别节点压力的变化以及设备故障引发的流体网络结构的变化。

2.4.1　流阻变化

在流体网络理论中，工质在设备中的流动阻力都体现在流阻上。在机组运行或设备改造过程中的一些运行状态变化，也可以通过流阻来体现。这里以给水管道阻力增加 10%为例，进行热力系统流体网络的质量流量计算。在现场，给水管道上的阀门开度减小、管道内部结垢等，都会造成流动阻力增大这种情况。

算例 2-1　350MW 超临界机组，100%THA 工况下，其他条件不变，给水管道流阻变化增加，计算热力系统流体网络的质量流量分布和压力分布。

流阻 R_1 增加 10%后质量流量分布如表 2-16 所示。

表 2-16　流阻 R_1 增加 10%后质量流量分布计算结果

质量流量	流阻变化前计算值 /(kg/s)	流阻变化后计算值 /(kg/s)	(变化后−变化前)/变化前 ×100/%
I_1	276.31	272.87	−1.24
I_2	16.77	16.56	−1.25
I_3	249.98	246.87	−1.24
I_4	21.54	21.25	−1.35
I_5	233.73	230.84	−1.24
I_6	38.30	37.81	−1.28
I_7	14.27	13.84	−3.01
I_8	223.74	221.22	−1.13
I_9	52.57	51.65	−1.75
I_{10}	7.43	5.86	−21.13
I_{11}	202.75	201.85	−0.44
I_{12}	11.78	11.73	−0.42
I_{13}	190.97	190.12	−0.45
I_{14}	11.65	11.60	−0.43
I_{15}	23.43	23.32	−0.47
I_{16}	8.51	8.48	−0.35
I_{17}	179.32	178.52	−0.45
I_{18}	170.81	170.05	−0.44
I_{19}	8.86	8.82	−0.45
I_{20}	31.94	31.80	−0.44

质量流量	流阻变化前计算值/(kg/s)	流阻变化后计算值/(kg/s)	(变化后–变化前)/变化前 ×100/%
I_{21}	161.95	161.23	−0.44
I_{22}	40.80	40.61	−0.47
I_{23}	216.31	215.35	−0.44
I_{24}	266.75	263.43	−1.24
I_{25}	5.28	5.22	−1.14
I_{26}	4.28	4.22	−1.40
I_{27}	238.01	235.06	−1.24
I_{28}	13.57	13.51	−0.44

分析：流阻 R_1 增加 10%后，流体网络整体流量下降至 98.76%，高中压侧流量下降比低压侧多，第四段抽汽流量下降最多，降至原质量流量的 78.87%。计算过程假设其他流阻不变，实际情况是，流阻与流速成正比，但其他管道流阻会随着质量流量的降低略有降低，从而在一定程度上产生抑制内部质量流量降低的效果，但不会改变计算结果变化趋势的方向。

流阻 R_1 增加 20%后质量流量分布如表 2-17。

表 2-17 流阻 R_1 增加 20%后质量流量分布计算结果

质量流量	流阻变化前计算值/(kg/s)	流阻变化后计算值/(kg/s)	(变化后–变化前)/变化前 ×100/%
I_1	276.31	269.52	−2.46
I_2	16.77	16.35	−2.50
I_3	249.98	243.84	−2.46
I_4	21.54	20.98	−2.60
I_5	233.73	228.02	−2.44
I_6	38.30	37.33	−2.53
I_7	14.27	13.43	−5.89
I_8	223.74	218.75	−2.23
I_9	52.57	50.76	−3.44
I_{10}	7.43	4.34	−41.59
I_{11}	202.75	200.97	−0.88
I_{12}	11.78	11.67	−0.93
I_{13}	190.97	189.29	−0.88
I_{14}	11.65	11.55	−0.86
I_{15}	23.43	23.22	−0.90
I_{16}	8.51	8.44	−0.82
I_{17}	179.32	177.75	−0.88
I_{18}	170.81	169.31	−0.88
I_{19}	8.86	8.78	−0.90

质量流量	流阻变化前计算值/ (kg/s)	流阻变化后计算值/ (kg/s)	(变化后−变化前)/变化前 ×100/%
I_{20}	31.94	31.66	−0.88
I_{21}	161.95	160.53	−0.88
I_{22}	40.80	40.44	−0.88
I_{23}	216.31	214.41	−0.88
I_{24}	266.75	260.19	−2.46
I_{25}	5.28	5.15	−2.46
I_{26}	4.28	4.17	−2.57
I_{27}	238.01	232.19	−2.45
I_{28}	13.57	13.45	−0.88

由表 2-17 可知，在已知条件不变的情况下，流阻 R_1 增加 20%后，各支路质量流量的变化趋势与流阻 R_1 增加 10%时完全相同，且变化量基本为流阻 R_1 增加 10%时的两倍。这反映了模型计算的稳定性，也反映了流阻变化对支路质量流量影响近似线性化。

流阻 R_1 增加 10%后节点压力分布如表 2-18 所示。

表 2-18　流阻 R_1 增加 10%后节点压力分布计算结果

节点	流阻变化前计算值 /MPa	流阻变化后计算值 /MPa	(变化后−变化前)/变化前 ×100/%
N_1	24.2199	23.9272	−1.21
N_2	17.5767	17.3667	−1.19
N_3	6.1353	6.0676	−1.10
N_4	4.2197	4.1759	−1.04
N_5	3.7974	3.7587	−1.02
N_6	2.1260	2.1080	−0.85
N_7	0.8848	0.8809	−0.44
N_8	0.5493	0.5469	−0.44
N_9	0.2188	0.2179	−0.41
N_{10}	0.0693	0.0690	−0.43
N_{11}	0.0245	0.0244	−0.41
N_{12}	5.9471	5.8818	−1.10
N_{13}	4.0956	4.0534	−1.03
N_{14}	2.0640	2.0479	−0.78
N_{15}	0.8416	0.8468	0.62
N_{16}	0.5223	0.5200	−0.44
N_{17}	0.2077	0.2068	−0.43
N_{18}	0.0654	0.0651	−0.46
N_{19}	0.0230	0.0230	0.00
N_{20}	0.0049	0.0049	0.00

分析：流阻 R_1 增加 10% 后，流体网络压力普遍下降，N_{19} 在计算精度范围内没有变化，N_{20} 为凝汽器压力，在这里假定不变，只有 N_{15} 即除氧器内压力升高了，这也解释了为什么第四段抽汽流量降低，因此，在运行中，运行人员应该注意，给水管道流阻的增加，或者锅炉内换热面工质侧流阻增加，可能使除氧器压力升高，而除氧器压力升高，则可能导致除氧器内给水不能达到饱和状态，除氧效果降低。

2.4.2　压力变化

本书分两种情况讨论压力的变化，一种为水泵扬程变化，导致的水泵出口压力变化，进而导致的流体网络变化；另一种为流体网络中节点压力变化导致的流体网络变化。

1. 水泵扬程变化

1）给水泵扬程下降 10%

算例 2-2　100%THA 工况，其他条件不变的情况下，给水泵扬程下降 10%，计算热力系统流体网络的质量流量分布（表 2-19）和节点压力分布（表 2-20）。

表 2-19　给水泵扬程下降 10% 后质量流量分布计算结果

质量流量	下降前质量流量计算值 /(kg/s)	下降后质量流量计算值 /(kg/s)	（下降后–下降前）/下降前 ×100/%
I_1	276.31	249.53	−9.69
I_2	16.77	15.13	−9.78
I_3	249.98	225.76	−9.69
I_4	21.54	19.27	−10.54
I_5	233.73	211.26	−9.61
I_6	38.30	34.40	−10.18
I_7	14.27	9.99	−29.99
I_8	223.74	205.14	−8.31
I_9	52.57	44.39	−15.56
I_{10}	7.43	0.00	−100.00
I_{11}	202.75	192.27	−5.17
I_{12}	11.78	11.17	−5.18
I_{13}	190.97	181.10	−5.17
I_{14}	11.65	11.05	−5.15
I_{15}	23.43	22.22	−5.16
I_{16}	8.51	8.07	−5.17
I_{17}	179.32	170.06	−5.16
I_{18}	170.81	161.98	−5.17

续表

质量流量	下降前质量流量计算值 /(kg/s)	下降后质量流量计算值 /(kg/s)	（下降后−下降前）/下降前 ×100/%
I_{19}	8.86	8.40	−5.19
I_{20}	31.94	30.29	−5.17
I_{21}	161.95	153.58	−5.17
I_{22}	40.80	38.69	−5.17
I_{23}	216.31	205.14	−5.16
I_{24}	266.75	240.90	−9.69
I_{25}	5.28	4.77	−9.66
I_{26}	4.28	3.86	−9.81
I_{27}	238.01	215.12	−9.62
I_{28}	13.57	12.86	−5.23

表 2-20　给水泵扬程下降 10%后节点压力分布计算结果

节点	下降前节点压力计算值 /MPa	下降后节点压力计算值 /MPa	（下降后−下降前）/下降前 ×100/%
N_1	24.2199	21.9316	−9.45
N_2	17.5767	15.9322	−9.36
N_3	6.1353	5.5997	−8.73
N_4	4.2197	3.8698	−8.29
N_5	3.7974	3.4880	−8.15
N_6	2.1260	1.9773	−6.99
N_7	0.8848	0.8393	−5.14
N_8	0.5493	0.5212	−5.12
N_9	0.2188	0.2078	−5.03
N_{10}	0.0693	0.0660	−4.76
N_{11}	0.0245	0.0235	−4.08
N_{12}	5.9471	5.4299	−8.70
N_{13}	4.0956	3.7587	−8.23
N_{14}	2.0640	1.9339	−6.30
N_{15}	0.8416	0.9017	7.14
N_{16}	0.5223	0.4955	−5.13
N_{17}	0.2077	0.1972	−5.06
N_{18}	0.0654	0.0623	−4.74
N_{19}	0.0230	0.0221	−3.91
N_{20}	0.0049	0.0049	0.00

　　分析表 2-19 和表 2-20 可知,在其他条件不变的情况下,给水泵扬程下降 10%,会引起流体网络质量流量和节点压力的普遍下降,只有除氧器的压力上升,使第 4 段抽汽逆止门关闭,抽汽流量降为 0t/h。这是流体网络模型计算的结果,从计算结果的分析中,可以得出这样的结论,除氧器压力的升高,与凝汽器压力不变的

假设有关。在运行中，凝汽器真空是由汽轮机排汽的冷凝形成的，在非异常运行情况下，真空基本不变，因此，本书做出凝汽器压力不变的假设。在这种假设下，当给水泵扬程下降时，汽水系统整体流量降低，凝结水流量也降低，在凝结水泵扬程及各管道流阻不变的情况下，凝结水流量降低，只能是由除氧器压力的升高引起的。

2) 给水泵和凝结水泵扬程同时下降 10%

为了进一步分析水泵压力变化对流体网络的影响，本书将凝结水泵扬程也降低 10%，所得质量流量和节点压力计算结果见表 2-21 和表 2-22。

表 2-21　给水泵和凝结水泵扬程同时下降 10%后质量流量分布计算结果

质量流量	下降前质量流量计算值 /(kg/s)	下降后质量流量计算值 /(kg/s)	(下降后−下降前)/下降前 ×100/%
I_1	276.31	248.68	−10.00
I_2	16.77	15.09	−10.02
I_3	249.98	224.99	−10.00
I_4	21.54	19.38	−10.03
I_5	233.73	210.36	−10.00
I_6	38.30	34.47	−10.00
I_7	14.27	12.84	−10.02
I_8	223.74	201.37	−10.00
I_9	52.57	47.31	−10.01
I_{10}	7.43	6.68	−10.09
I_{11}	202.75	182.47	−10.00
I_{12}	11.78	10.60	−10.02
I_{13}	190.97	171.87	−10.00
I_{14}	11.65	10.48	−10.04
I_{15}	23.43	21.08	−10.03
I_{16}	8.51	7.66	−9.99
I_{17}	179.32	161.39	−10.00
I_{18}	170.81	153.73	−10.00
I_{19}	8.86	7.97	−10.05
I_{20}	31.94	28.75	−9.99
I_{21}	161.95	145.76	−10.00
I_{22}	40.80	36.72	−10.00
I_{23}	216.31	194.68	−10.00
I_{24}	266.75	240.08	−10.00
I_{25}	5.28	4.75	−10.04
I_{26}	4.28	3.85	−10.05
I_{27}	238.01	214.21	−10.00
I_{28}	13.57	12.21	−10.02

表 2-22　给水泵和凝结水泵扬程同时下降 10%后节点压力分布计算结果

节点	下降前节点压力计算值 /MPa	下降后节点压力计算值 /MPa	(下降后–下降前)/下降前 ×100/%
N_1	24.2199	21.7984	−10.00
N_2	17.5767	15.8195	−10.00
N_3	6.1353	5.5222	−9.99
N_4	4.2197	3.7982	−9.99
N_5	3.7974	3.4181	−9.99
N_6	2.1260	1.9139	−9.98
N_7	0.8848	0.7968	−9.95
N_8	0.5493	0.4949	−9.90
N_9	0.2188	0.1974	−9.78
N_{10}	0.0693	0.0629	−9.24
N_{11}	0.0245	0.0226	−7.76
N_{12}	5.9471	5.3529	−9.99
N_{13}	4.0956	3.6865	−9.99
N_{14}	2.0640	1.8581	−9.98
N_{15}	0.8416	0.7579	−9.95
N_{16}	0.5223	0.4705	−9.92
N_{17}	0.2077	0.1874	−9.77
N_{18}	0.0654	0.0594	−9.17
N_{19}	0.0230	0.0212	−7.83
N_{20}	0.0049	0.0049	0.00

　　分析表 2-21 和表 2-22 可知，凝结水泵和给水泵扬程同时下降 10%后，流体网络整体质量流量降低 10%左右，没有出现除氧器压力升高导致第四段抽汽流量变为 0 的情况，由此可以得知，当给水泵扬程降低而凝结水泵扬程没有降低时，凝结水泵出口压力不变，而凝结水至除氧器管路流量降低，压差减小，导致除氧器压力升高，因此在现场运行过程或系统设计过程中，必须注意，随着给水泵出口压力降低，给水流量减小，必须相应降低凝结水泵至除氧器的压力，否则容易发生除氧器压力升高的问题。

　　3）凝结水泵扬程下降 10%

　　那么如果其他条件不变，凝结水泵扬程下降 10%，流体网络会发生怎样变化呢？表 2-23 和表 2-24 给出了凝结水泵扬程下降后，质量流量和节点压力分布的计算结果。

表 2-23　凝结水泵扬程下降 10%后质量流量分布计算结果

质量流量	下降前质量流量计算值 /(kg/s)	下降后质量流量计算值 /(kg/s)	（下降后–下降前)/下降前 ×100/%
I_1	276.31	275.74	−0.21
I_2	16.77	16.74	−0.18
I_3	249.98	249.47	−0.20
I_4	21.54	21.61	0.32
I_5	233.73	233.13	−0.26
I_6	38.30	38.35	0.13
I_7	14.27	16.16	13.24
I_8	223.74	221.23	−1.12
I_9	52.57	54.51	3.69
I_{10}	7.43	18.98	155.45
I_{11}	202.75	189.57	−6.50
I_{12}	11.78	11.01	−6.54
I_{13}	190.97	178.56	−6.50
I_{14}	11.65	10.89	−6.52
I_{15}	23.43	21.90	−6.53
I_{16}	8.51	7.96	−6.46
I_{17}	179.32	167.67	−6.50
I_{18}	170.81	159.71	−6.50
I_{19}	8.86	8.28	−6.55
I_{20}	31.94	29.86	−6.51
I_{21}	161.95	151.43	−6.50
I_{22}	40.80	38.14	−6.52
I_{23}	216.31	202.26	−6.50
I_{24}	266.75	266.21	−0.20
I_{25}	5.28	5.27	−0.19
I_{26}	4.28	4.27	−0.23
I_{27}	238.01	237.40	−0.26
I_{28}	13.57	12.68	−6.56

表 2-24　凝结水泵扬程下降 10%后节点压力分布计算结果

节点	下降前节点压力计算值 /MPa	下降后节点压力计算值 /MPa	（下降后–下降前）/下降前 ×100/%
N_1	24.2199	24.1026	−0.48
N_2	17.5767	17.4729	−0.59
N_3	6.1353	6.0549	−1.31
N_4	4.2197	4.1433	−1.81
N_5	3.7974	3.7220	−1.99
N_6	2.1260	2.0549	−3.34
N_7	0.8848	0.8276	−6.46
N_8	0.5493	0.5139	−6.44
N_9	0.2188	0.2049	−6.35
N_{10}	0.0693	0.0651	−6.06
N_{11}	0.0245	0.0232	−5.31
N_{12}	5.9471	5.8671	−1.35
N_{13}	4.0956	4.0187	−1.88
N_{14}	2.0640	1.9847	−3.84
N_{15}	0.8416	0.7172	−14.78
N_{16}	0.5223	0.4886	−6.45
N_{17}	0.2077	0.1945	−6.36
N_{18}	0.0654	0.0615	−5.96
N_{19}	0.0230	0.0219	−4.78
N_{20}	0.0049	0.0049	0.00

　　分析表 2-23 和表 2-24 可知，当凝结水泵扬程下降后，热力系统整体质量流量降低，但高压侧第二、第三、第四段抽汽流量都有明显上升，特别是第四段抽汽流量增加最多，从节点压力分布看，凝结水泵扬程降低，使除氧器水侧压力降低，从而直接导致第四段抽汽压力大幅增加，同时，第二、第三段抽汽流量和疏水流量增加，第一段抽汽流量没有增加，只是相对于总流量减少的幅度小一些。因此在机组实际运行中，如果凝结水泵扬程降低，必须相应降低给水泵扬程，否则会有高压侧抽汽流量上升的趋势。

　　2. 节点压力变化

　　节点通常代表设备，节点压力变化通常反映的就是设备内部的压力变化。本书在这里举例凝汽器真空降低的处理方法。

　　等值电路模型中，是通过流阻和水泵扬程来求各支路内质量流量的，模型中只反映压差大小的变化，而不能反映某一点压力大小的变化，在求解压力分布时，本书是在假设凝汽器内压力已知的情况下求解的。因此，凝汽器真空降低对热力系统流体网络的影响，不能按照凝汽器这个节点压力的变化处理，那只会整体改变压力分布,而对流量分布及相对压力不会产生影响。本书要通过流阻的相对变化来反映凝汽器压力的变化。

算例 2-3　100%THA 工况,其他条件不变的情况下,凝汽器真空降低 10%,计算热力系统流体网络的质量流量分布和节点压力分布。

根据图 2-2 可知,凝汽器真空降低,与之相连的流阻为 R_{31}、R_{25}、R_{26},为了将压差变化导致的流量变化转换为由流阻变化导致的流量变化,推导公式如下:

$$R' = \frac{R\Delta P}{\Delta P'} \tag{2-50}$$

式中,R' 为代替压差变化的新的流阻;R 为原流阻;ΔP 为凝汽器压力变化前作用于 R 的压差;$\Delta P'$ 为凝汽器压力变化后作用于 R 的压差。

根据式 (2-50) 可以得到新的流阻 R'_{31}、R'_{25}、R'_{26},由它们实现凝汽器真空降低导致进入凝汽器的工质流阻增大的效果。

与凝汽器相连的凝结水泵,由于凝汽器真空降低,即压力升高,若凝结水泵扬程不变,凝结水泵出口压力应该是提高的,其提高的值应为凝汽器压力提高的值。

凝汽器真空降低 10%后质量流量分布如表 2-25 所示,节点压力分布如表 2-26 所示。

表 2-25　凝汽器真空降低 10%后质量流量分布计算结果

质量流量	下降前质量流量计算值 /(kg/s)	下降后质量流量计算值 /(kg/s)	(下降后–下降前)/下降前 ×100/%
I_1	276.31	275.05	−0.46
I_2	16.77	16.69	−0.48
I_3	249.98	248.84	−0.46
I_4	21.54	21.49	−0.23
I_5	233.73	232.61	−0.48
I_6	38.30	38.18	−0.31
I_7	14.27	14.99	5.05
I_8	223.74	221.87	−0.84
I_9	52.57	53.17	1.14
I_{10}	7.43	12.16	63.66
I_{11}	202.75	195.44	−3.61
I_{12}	11.78	11.35	−3.65
I_{13}	190.97	184.09	−3.60
I_{14}	11.65	11.12	−4.55
I_{15}	23.43	22.47	−4.10
I_{16}	8.51	6.29	−26.09
I_{17}	179.32	172.97	−3.54

续表

质量流量	下降前质量流量计算值 /(kg/s)	下降后质量流量计算值 /(kg/s)	(下降后−下降前)/下降前 ×100/%
I_{18}	170.81	166.68	−2.42
I_{19}	8.86	0.00	−100.00
I_{20}	31.94	28.76	−9.96
I_{21}	161.95	166.68	2.92
I_{22}	40.80	28.76	−29.51
I_{23}	216.31	209.71	−3.05
I_{24}	266.75	265.53	−0.46
I_{25}	5.28	5.26	−0.38
I_{26}	4.28	4.26	−0.47
I_{27}	238.01	236.87	−0.48
I_{28}	13.57	14.27	5.16

表 2-26　凝汽器真空降低 10%后节点压力分布计算结果

节点	下降前节点压力计算值 /MPa	下降后节点压力计算值 /MPa	(下降后−下降前)/下降前 ×100/%
N_1	24.2199	24.2809	0.25
N_2	17.5767	17.6681	0.52
N_3	6.1353	6.2789	2.34
N_4	4.2197	4.3721	3.61
N_5	3.7974	3.9518	4.07
N_6	2.1260	2.2884	7.64
N_7	0.8848	1.0576	19.53
N_8	0.5493	0.7342	33.66
N_9	0.2188	0.4156	89.95
N_{10}	0.0693	0.2714	291.63
N_{11}	0.0245	0.2276	828.98
N_{12}	5.9471	6.0916	2.43
N_{13}	4.0956	4.2483	3.73
N_{14}	2.0640	2.2233	7.72
N_{15}	0.8416	0.8868	5.37
N_{16}	0.5223	0.7081	35.57
N_{17}	0.2077	0.4049	94.94
N_{18}	0.0654	0.2685	310.55
N_{19}	0.0230	0.2303	901.30
N_{20}	0.0049	0.0146	197.96

　　分析表 2-25 和表 2-26 可知，凝汽器真空降低 10%，相对于压力升高 0.009665MPa，热力系统整体质量流量略有下降，整体节点压力分布有所升高，由于低压侧相对于整体流阻增加，高压侧的各段抽汽流量有所增加，第四段抽汽增加最多，低压侧各段抽汽流量有所减少，特别是第八段抽汽流量减少最多，由于 6 号低加疏水压力高于 7 号低加抽汽压力，导致第八段抽汽逆止门关闭，抽汽流量降为 0kg/s。从整体压力升高的趋势看，高压侧升高的相对较少，越向低压侧升高越多，并由于第四段抽汽压力的升高，小机的流量会略有增加。

2.4.3　支路变化

　　在机组实际运行中，会遇到一些异常情况，如加热器内工质管道泄漏、主蒸汽或给水管道发生泄漏等。使用流体网络理论分析这些情况时，需要改变等值电路模型的结构，增加支路，模拟泄漏工质的流动，保证整体模型的工质守恒。

　　下面以加热器水侧泄漏为例，说明如何使用流体网络理论来分析这样的问题。

　　图 2-3 为 3 号高压加热器(简称高加)水侧管路泄漏后的热力系统等值电路模型。

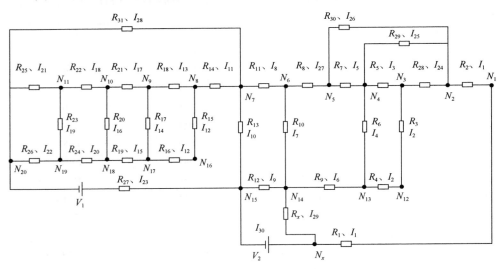

图 2-3　3 号高加水侧管道泄漏的等值电路模型

　　算例 2-4　100%THA 设计工况，3 号高加水侧发生泄漏，计算热力系统流体网络的质量流量分布和节点压力分布。

　　如图 2-3 所示，在正常等值电路模型上增加泄漏管路，将给水管道的部分流量引入 3 号高加汽侧，管道流阻为 R_x，泄漏流量为 I_{29}，经过给水泵的流量为 I_{30}。

节点电流方程：

$$N_2: \quad I_1 = I_{24} + I_{25} + I_{26} \tag{2-51}$$

$$N_3: \quad I_{24} = I_3 + I_2 \tag{2-52}$$

$$N_4: \quad I_{25} + I_3 = I_5 + I_4 \tag{2-53}$$

$$N_5: \quad I_{27} = I_{26} + I_5 \tag{2-54}$$

$$N_6: \quad I_{27} = I_8 + I_7 \tag{2-55}$$

$$N_7: \quad I_8 = I_{10} + I_{11} + I_{28} \tag{2-56}$$

$$N_8: \quad I_{11} = I_{12} + I_{13} \tag{2-57}$$

$$N_9: \quad I_{13} = I_{14} + I_{17} \tag{2-58}$$

$$N_{10}: \quad I_{17} = I_{16} + I_{18} \tag{2-59}$$

$$N_{11}: \quad I_{18} = I_{19} + I_{21} \tag{2-60}$$

$$N_{13}: \quad I_6 = I_2 + I_4 \tag{2-61}$$

$$N_{14}: \quad I_9 = I_6 + I_7 + I_{29} \tag{2-62}$$

$$N_{15}: \quad I_{30} = I_9 + I_{10} + I_{23} \tag{2-63}$$

$$N_{17}: \quad I_{15} = I_{12} + I_{14} \tag{2-64}$$

$$N_{18}: \quad I_{20} = I_{15} + I_{16} \tag{2-65}$$

$$N_{19}: \quad I_{22} = I_{19} + I_{20} \tag{2-66}$$

$$N_x: \quad I_{30} = I_{29} + I_1 \tag{2-67}$$

独立回路电压方程：

$$R_{25}I_{21} = R_{23}I_{19} + R_{26}I_{22} \tag{2-68}$$

$$R_{22}I_{18} + R_{23}I_{19} = R_{20}I_{16} + R_{24}I_{20} \tag{2-69}$$

$$R_{21}I_{17} + R_{20}I_{16} = R_{17}I_{14} + R_{19}I_{15} \tag{2-70}$$

$$R_{18}I_{13} + R_{17}I_{14} = R_{15}I_{12} + R_{16}I_{12} \tag{2-71}$$

$$R_{14}I_{11} + R_{15}I_{12} + R_{16}I_{12} + R_{19}I_{15} + R_{24}I_{20} + R_{26}I_{22}$$
$$+ R_{27}I_{23} = R_{13}I_{10} + U_{nb} \tag{2-72}$$

$$R_{11}I_8 + R_{13}I_{10} = R_{10}I_7 + R_{12}I_9 \tag{2-73}$$

$$R_7I_5 + R_8I_{27} + R_{10}I_7 = R_6I_4 + R_9I_6 \tag{2-74}$$

$$R_5I_3 + R_6I_4 = R_3I_2 + R_4I_2 \tag{2-75}$$

$$R_xI_{29} + R_{12}I_9 = U_{gb} \tag{2-76}$$

$$R_x I_{29} = R_1 I_1 + R_2 I_1 + R_{28} I_{24} + R_3 I_2 + R_4 I_2 + R_9 I_6 \tag{2-77}$$

$$R_{28} I_{24} + R_5 I_3 = R_{29} I_{25} \tag{2-78}$$

$$R_{30} I_{26} = R_{29} I_{25} + R_7 I_5 \tag{2-79}$$

$$R_{31} I_{28} = R_{25} I_{21} + R_{22} I_{18} + R_{21} I_{17} + R_{18} I_{13} + R_{14} I_{11} \tag{2-80}$$

式中，U_{nb} 为凝结水泵进出口压差；U_{gb} 为给水泵进出口压差。

3 号高加水侧泄漏后质量流量分布如表 2-27 所示。

表 2-27 3 号高加水侧泄漏后质量流量分布计算结果

质量流量	泄漏前质量流量计算值 /(kg/s)	泄漏后质量流量计算值 /(kg/s)	(泄漏后−泄漏前)/泄漏前 ×100/%
I_1	276.31	275.87	−0.16
I_2	16.77	16.73	−0.24
I_3	249.98	249.60	−0.15
I_4	21.54	21.24	−1.39
I_5	233.73	233.63	−0.04
I_6	38.30	37.97	−0.86
I_7	14.27	9.96	−30.20
I_8	223.74	227.94	1.88
I_9	52.57	55.02	4.66
I_{10}	7.43	10.02	34.86
I_{11}	202.75	204.25	0.74
I_{12}	11.78	11.87	0.76
I_{13}	190.97	192.38	0.74
I_{14}	11.65	11.73	0.69
I_{15}	23.43	23.60	0.73
I_{16}	8.51	8.58	0.82
I_{17}	179.32	180.65	0.74
I_{18}	170.81	172.07	0.74
I_{19}	8.86	8.92	0.68
I_{20}	31.94	32.18	0.75
I_{21}	161.95	163.15	0.74
I_{22}	40.80	41.10	0.74
I_{23}	216.31	217.91	0.74
I_{24}	266.75	266.32	−0.16
I_{25}	5.28	5.27	−0.19
I_{26}	4.28	4.27	0.23
I_{27}	238.01	237.90	−0.05
I_{28}	13.57	13.67	0.74
I_{29}	0.00	7.10	—
I_{30}	276.31	282.97	2.41

3 号高加水侧泄漏后节点压力分布如表 2-28 所示。

表 2-28　3 号高加水侧泄漏后节点压力分布计算结果

节点	泄漏前压力计算值 /MPa	泄漏后压力计算值 /MPa	(泄漏后–泄漏前)/泄漏前 ×100/%
N_1	24.2199	24.2168	−0.01
N_2	17.5767	17.5843	0.04
N_3	6.1353	6.1612	0.42
N_4	4.2197	4.2486	0.68
N_5	3.7974	3.8264	0.76
N_6	2.1260	2.1558	1.40
N_7	0.8848	0.8913	0.73
N_8	0.5493	0.5533	0.73
N_9	0.2188	0.2204	0.73
N_{10}	0.0693	0.0698	0.72
N_{11}	0.0245	0.0247	0.82
N_{12}	5.9471	5.9735	0.44
N_{13}	4.0956	4.1262	0.75
N_{14}	2.0640	2.1125	2.35
N_{15}	0.8416	0.8330	−1.02
N_{16}	0.5223	0.5261	0.73
N_{17}	0.2077	0.2092	0.72
N_{18}	0.0654	0.0659	0.76
N_{19}	0.0230	0.0232	0.87
N_{20}	0.0049	0.0049	0.00

　　分析表 2-27 和表 2-28 可知，3 号高加水侧泄漏后，给水流量下降，高压侧蒸汽流量下降，由于水侧泄漏，3 号高加内压力上升，抽汽流量减小至泄露前的 69.80%，而由于 3 号高加抽汽流量的减小，抽汽点后的汽轮机各段抽汽流量都略有增加，其中第四段抽汽流量增加较多，至 134.86%，其他增加较少，从节点压力分布看，除氧器压力下降相对较多，主要由于 3 号高加泄漏，给水泵出口流阻下降，除氧器压力降低。

2.5　本　章　小　结

　　本章介绍了流体网络理论，并利用流体网络理论中的流体流动与电流在一定条件下有相似性这一思想，建立了典型热力系统流体网络的等值电路物理模型，根据复杂直流电路的求解方法，使用基尔霍夫定律建立了等值电路的数学模型，通过矩阵计算，对数学模型进行求解，得到了热力系统流体网络的质量流量分布，并与该热力系统的设计工况（100%THA、75%THA、50%THA、40%THA、30%THA）数据进行对比，验证了模型的正确性和准确性，同时说明了该方法的可行性。

在 100%THA 工况的电路模型基础上，本章给出了几种变工况情况下，如何使用等值电路方法对热力系统流体网络的质量流量分布和节点压力分布进行分析，分别包括流体网络中局部流阻发生变化的情况；流体网络中节点压力发生变化的情况；流体网络中设备异常运行的情况。

第3章 基于流体网络理论的热力系统焓值分布模型的建立

3.1 再热、回热加热系统的热力学分析

在蒸汽热循环过程中，伴随蒸汽吸热，焓值增大，做功能力增加，蒸汽的熵也会增加，蒸汽绝热做功的过程，熵不变，蒸汽做功后，蒸汽与循环冷却水换热，蒸汽被冷却，循环水带走的热量成为冷源损失，蒸汽的熵越大，损失越大。为了提高循环热效率，希望蒸汽做功能力尽量大，而熵尽量小。

图 3-1(a) 为中间再热效果示意图，采用一次中间再热时，可以降低低压缸排汽的湿度，对于循环热效率的影响如何呢？首先，单位质量蒸汽功率由 $abfea$ 所围成的面积扩大到 $abcdfea$，同时冷源损失由 efs_2s_1e 扩展到 eds_3s_1e。其中，$bcfb$ 所围成的面积是再热循环 $bcdfb$ 相对于蒸汽循环 $fcdf$，没有熵增的做功部分，因此再热循环 $bcdfb$ 相对于循环 $abfea$，在损失相同的情况下，功率更多，因此效率更高。

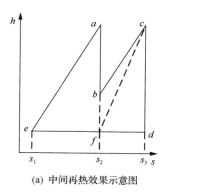

(a) 中间再热效果示意图

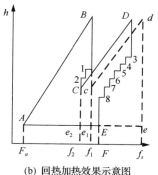

(b) 回热加热效果示意图

图 3-1　蒸汽循环热力学分析示意图

图 3-1(b) 为回热加热效果示意图，该图是在再热循环基础上，增加了回热系统的效果示意图。从循环 ABe_1A 来看，当蒸汽由 B 点向 e_1 点等熵膨胀做功时，做功为 ABe_1A，损失为 $Ae_1f_1F_aA$，由于1、2级回热加热的加入，循环的可能做功减小为 $AB12e_2A$，同时，由于1、2级回热，蒸汽的熵值减小，冷源损失减小为 $e_2f_2F_aAe_2$。若做功的减少和损失的减少的比值小于原循环的做功与损失的比值，那么回热使

原循环的热效率提高了。

　　为了监测再热系统和回热加热系统对热力系统循环热效率的提高是否起作用，本书定义单位质量流量工质循环有效度 E 的概念。

　　对于再热循环：

$$E_r = \frac{\eta_r}{\eta_m} = \frac{(h_r - h_e)/(h_r - h_n)}{(h_m - h_e)/(h_m - h_n)} \tag{3-1}$$

式中，E_r 为再热循环有效度；η_r 为再热循环热效率；η_m 为主蒸汽循环热效率；h_r 为再热蒸汽焓；h_e 为汽轮机排汽焓；h_n 为凝结水焓；h_m 为主蒸汽焓。

　　对于回热加热系统：

$$E_h = \frac{\eta_m}{\eta_h} = \frac{(h_m - h_e)/(h_m - h_n)}{(h_h - h_e)/(h_h - h_n)} \tag{3-2}$$

式中，E_h 为高压抽汽循环有效度；η_h 为高压抽汽循环热效率；h_h 为高压抽汽焓。

$$E_l = \frac{\eta_r}{\eta_l} = \frac{(h_r - h_e)/(h_r - h_n)}{(h_l - h_e)/(h_l - h_n)} \tag{3-3}$$

式中，E_l 为低压抽汽循环有效度；η_l 为低压抽汽循环热效率；h_l 为低压抽汽焓。

　　这里，再热循环有效度体现的是再热蒸汽循环热效率比主蒸汽循环热效率高多少倍，而回热加热系统有效度体现的是回热系统抽出的蒸汽如果继续做功，循环热效率比主蒸汽或再热蒸汽循环热效率低多少倍。

　　以上是有效度的定义，若有效度大于 1，说明设备对于整体循环热效率的提高是正作用，若有效度小于 1，说明设备对于整体循环热效率的提高是反作用。有效度定义是针对单位质量流量蒸汽而言的，若想知道再热循环或回热循环对整体循环热效率影响多大，还要知道再热或回热的流量。

3.2　热力系统热效率分析模型的建立

　　本章在第 2 章热力系统流体网络的计算基础上进行热力系统热效率分析。首先，建立汽轮机、给水泵等设备的流量-功率模型。

3.2.1　汽轮机各级段热效率模型

　　汽轮机级效率的影响因素较多，根据对计算精度和计算量的考量，忽略次要因素，利用汽轮机热力特性数据，可以建立汽轮机级效率与级内蒸汽流量的关联模型，即 $\eta_i = f(D_i)$。其中，η_i 为各级效率，D_i 为各级蒸汽质量流量。

由于回热抽汽的存在，汽轮机各级流量并不相同，应将汽轮机根据抽汽点和汽缸划分为几段建立流量-级效率模型。

建模利用汽轮机热力特性数据中，在 100%THA、75% THA、50% THA、40% THA、30% THA 五个工况下汽轮机各段熔降与流量数据，进行基于最小二乘法的多项式拟合，获得汽轮机各段流量-级效率模型。

1）第一段模型：汽轮机进汽至高压缸第一段抽汽间级段

表 3-1 为汽轮机进汽至高压缸第一段抽汽间级段的热力特性数据，式（3-4）为根据表 3-1 数据拟合的这一级段的汽轮机级效率与级内蒸汽流量的函数关系式。

表 3-1　汽轮机第一段模型热力特性数据

100%THA		75%THA		50%THA		40%THA		30%THA	
级效率/%	流量/(kg/s)	级效率/%	流量/(kg/s)	级效率/%	流量/(kg/s)	级效率/%	流量/(kg/s)	级效率/%	流量/(kg/s)
9.52	249.78	9.97	181.86	10.08	120.88	10.08	98.14	10.62	75.11

拟合结果：

$$\eta_1 = -2.12\times10^{-8}\times D_1^3 + 3.81\times10^{-5}\times D_1^2 - 2.24\times10^{-2}\times D_1 + 1.43\times10 \tag{3-4}$$

式中，η_1 为汽轮机第一段级段的级效率；D_1 为经过汽轮机第一段级段的工质质量流量。

2）第二段模型：汽轮机高压缸第一段抽汽至第二段抽汽间级段

表 3-2 为汽轮机高压缸第一段抽汽至第二段抽汽间级段的热力特性数据，式（3-5）为根据表 3-2 数据拟合的这一级段的汽轮机级效率与级内蒸汽流量的函数关系式。

表 3-2　汽轮机第二段模型热力特性数据

100%THA		75%THA		50%THA		40%THA		30%THA	
级效率/%	流量/(kg/s)	级效率/%	流量/(kg/s)	级效率/%	流量/(kg/s)	级效率/%	流量/(kg/s)	级效率/%	流量/(kg/s)
9.52	249.78	9.97	181.86	10.08	120.88	10.08	98.14	10.62	75.11

拟合结果：

$$\eta_2 = 7.77\times10^{-9}\times D_2^3 - 1.28\times10^{-5}\times D_2^2 + 6.10\times10^{-3}\times D_2 + 1.89 \tag{3-5}$$

式中，η_2 为汽轮机第二段级段的级效率；D_2 为经过汽轮机第二段级段的工质质量流量。

3）第三段模型：汽轮机中压缸进汽至第三段抽汽间级段

表3-3 为汽轮机中压缸进汽至第三段抽汽间级段的热力特性数据，式(3-6)为根据表3-3数据拟合的这一级段的汽轮机级效率与级内蒸汽流量的函数关系式。

表3-3 汽轮机第三段模型热力特性数据

100%THA		75%THA		50%THA		40%THA		30%THA	
级效率/%	流量/(kg/s)	级效率/%	流量/(kg/s)	级效率/%	流量/(kg/s)	级效率/%	流量/(kg/s)	级效率/%	流量/(kg/s)
5.09	222.95	5.04	166.01	4.94	113.52	4.86	93.17	4.79	71.81

拟合结果：

$$\eta_3 = -1.98 \times 10^{-10} \times D_3^3 - 6.76 \times 10^{-7} \times D_3^2 + 1.40 \times 10^{-3} \times D_3 + 4.47 \quad (3\text{-}6)$$

式中，η_3 为汽轮机第三段级段的级效率；D_3 为经过汽轮机第三段级段的工质质量流量。

4）第四段模型：汽轮机第三段抽汽至第四段抽汽间级段

表3-4 为汽轮机第三段抽汽至第四段抽汽间级段的热力特性数据，式(3-7)为根据表3-4数据拟合的这一级段的汽轮机级效率与级内蒸汽流量的函数关系式。

表3-4 汽轮机第四段模型热力特性数据

100%THA		75%THA		50%THA		40%THA		30%THA	
级效率/%	流量/(kg/s)	级效率/%	流量/(kg/s)	级效率/%	流量/(kg/s)	级效率/%	流量/(kg/s)	级效率/%	流量/(kg/s)
7.34	208.67	7.25	156.35	7.05	107.59	6.94	88.54	6.83	68.46

拟合结果：

$$\eta_4 = -1.78 \times 10^{-9} \times D_4^3 + 1.01 \times 10^{-6} \times D_4^2 + 1.40 \times 10^{-3} \times D_4 + 6.44 \quad (3\text{-}7)$$

式中，η_4 为汽轮机第四段级段的级效率；D_4 为经过汽轮机第四段级段的工质质量流量。

5）第五段模型：汽轮机第四段抽汽至第五段抽汽间级段

表3-5 为汽轮机第四段抽汽至第五段抽汽间级段的热力特性数据，式(3-8)为根据表3-5数据拟合的这一级段的汽轮机级效率与级内蒸汽流量的函数关系式。

表 3-5 汽轮机第五段模型热力特性数据

100%THA		75%THA		50%THA		40%THA		30%THA	
级效率/%	流量/(kg/s)	级效率/%	流量/(kg/s)	级效率/%	流量/(kg/s)	级效率/%	流量/(kg/s)	级效率/%	流量/(kg/s)
3.66	202.55	3.65	152.15	3.61	104.99	3.57	86.52	3.51	67.00

拟合结果:

$$\eta_5 = 1.36 \times 10^{-9} \times D_5^3 - 2.90 \times 10^{-6} \times D_5^2 + 2.10 \times 10^{-3} \times D_5 + 3.16 \quad (3\text{-}8)$$

式中，η_5 为汽轮机第五段级段的级效率；D_5 为经过汽轮机第五段级段的工质质量流量。

6) 第六段模型：汽轮机第五段抽汽至第六段抽汽间级段

表 3-6 为汽轮机第五段抽汽至第六段抽汽间级段的热力特性数据，式(3-9)为根据表 3-6 数据拟合的这一级段的汽轮机级效率与级内蒸汽流量的函数关系式。

表 3-6 汽轮机第六段模型热力特性数据

100%THA		75%THA		50%THA		40%THA		30%THA	
级效率/%	流量/(kg/s)	级效率/%	流量/(kg/s)	级效率/%	流量/(kg/s)	级效率/%	流量/(kg/s)	级效率/%	流量/(kg/s)
6.40	190.79	6.43	144.09	6.37	100.01	6.30	82.61	6.21	64.15

拟合结果:

$$\eta_6 = 2.70 \times 10^{-9} \times D_6^3 - 5.85 \times 10^{-6} \times D_6^2 + 3.90 \times 10^{-3} \times D_6 + 5.58 \quad (3\text{-}9)$$

式中，η_6 为汽轮机第六段级段的级效率；D_6 为经过汽轮机第六段级段的工质质量流量。

7) 第七段模型：汽轮机第六段抽汽至第七段抽汽间机组

表 3-7 为汽轮机第六段抽汽至第七段抽汽间级段的热力特性数据，式(3-10)为根据表 3-7 数据拟合的这一级段的汽轮机级效率与级内蒸汽流量的函数关系式。

表 3-7 汽轮机第七段模型热力特性数据

100%THA		75%THA		50%THA		40%THA		30%THA	
级效率/%	流量/(kg/s)	级效率/%	流量/(kg/s)	级效率/%	流量/(kg/s)	级效率/%	流量/(kg/s)	级效率/%	流量/(kg/s)
7.14	179.33	7.25	136.02	7.28	94.89	7.22	78.55	7.15	61.14

拟合结果:

$$\eta_7 = 6.19 \times 10^{-9} \times D_7^3 - 1.10 \times 10^{-5} \times D_7^2 + 5.70 \times 10^{-3} \times D_7 + 6.35 \qquad (3\text{-}10)$$

式中，η_7 为汽轮机第七段级段的级效率；D_7 为经过汽轮机第七段级段的工质质量流量。

8）第八段模型：汽轮机第七段抽汽至第八段抽汽间级段

表 3-8 为汽轮机第七段抽汽至第八段抽汽间级段的热力特性数据，式(3-11)为根据表3-8数据拟合的这一级段的汽轮机级效率与级内蒸汽流量的函数关系式。

表 3-8　汽轮机第八段模型热力特性数据

100%THA		75%THA		50%THA		40%THA		30%THA	
级效率/%	流量/(kg/s)	级效率/%	流量/(kg/s)	级效率/%	流量/(kg/s)	级效率/%	流量/(kg/s)	级效率/%	流量/(kg/s)
5.64	170.88	5.57	130.13	5.47	91.18	5.41	75.61	5.31	58.97

拟合结果：

$$\eta_8 = 4.10 \times 10^{-9} \times D_8^3 - 6.66 \times 10^{-6} \times D_8^2 + 4.00 \times 10^{-3} \times D_8 + 4.71 \qquad (3\text{-}11)$$

式中，η_8 为汽轮机第八段级段的级效率；D_8 为经过汽轮机第八段级段的工质质量流量。

9）第九段模型：汽轮机第八段抽汽至排汽间级段

表 3-9 为汽轮机第八段抽汽至排汽间级段的热力特性数据，式(3-12)为根据表3-9数据拟合的这一级段的汽轮机级效率与级内蒸汽流量的函数关系式。

表 3-9　汽轮机第九段模型热力特性数据

100%THA		75%THA		50%THA		40%THA		30%THA	
级效率/%	流量/(kg/s)	级效率/%	流量/(kg/s)	级效率/%	流量/(kg/s)	级效率/%	流量/(kg/s)	级效率/%	流量/(kg/s)
6.58	161.84	6.09	124.84	4.68	88.82	3.65	74.21	2.13	58.43

拟合结果：

$$\eta_9 = 6.65 \times 10^{-8} \times D_9^3 - 1.17 \times 10^{-4} \times D_9^2 + 7.12 \times 10^{-2} \times D_9 - 8.28 \qquad (3\text{-}12)$$

式中，η_9 为汽轮机第九段级段的级效率；D_9 为经过汽轮机第九段级段的工质质量流量。

前面将汽轮机划分为九段模型，在主蒸汽焓值及热力系统各部分工质质量流量已知的情况下，根据这九段模型可以计算出汽轮机各级效率、各段抽汽焓值及排汽焓值。

3.2.2　给水泵流量-焓增模型

在热力系统热量相关计算中，给水泵的输入能量不能忽略，因为给水泵的驱动功率会转化为工质的焓增，因此，本书根据汽轮机热力特性数据，采用基于最小二乘法的多项式拟合方法，建立给水泵流量与工质焓增的关联模型。

表 3-10 为本书研究机组在不同负荷工况下，给水泵做功转换为工质焓增随给水流量变化的设计数据。

表 3-10　给水泵流量与工质焓增数据

100%THA		75%THA		50%THA		40%THA		30%THA	
焓增/ (kJ/kg)	流量/ (kg/s)	焓增/ (kJ/kg)	流量/ (kg/s)	焓增/ (kJ/kg)	流量/ (kg/s)	焓增/ (kJ/kg)	流量/ (kg/s)	焓增/ (kJ/kg)	流量/ (kg/s)
34.80	276.18	27.90	199.37	18.00	131.53	14.40	106.48	13.00	81.26

拟合结果：

$$\Delta h_b = -9.81 \times 10^{-8} \times D^3 + 1.81 \times 10^{-4} \times D^2 - 6.82 \times 10^{-2} \times D + 19.76 \qquad (3\text{-}13)$$

式中，Δh_b 为单位质量流量工质经过给水泵后的焓增；D 为经过给水泵的工质质量流量。

3.2.3　给水泵流量-扬程模型

在热力系统各节点压力计算中，需要建立给水泵的流量与扬程的关联模型，因此，本书根据汽轮机热力特性数据，采用基于最小二乘法的多项式拟合方法，建立给水泵流量与给水泵扬程的关联模型。

表 3-11　给水泵流量与工质压强增量数据

100%THA		75%THA		50%THA		40%THA		30%THA	
压强增量 /MPa	流量/ (kg/s)	压强增量 /MPa	流量/ (kg/s)	压强增量 /MPa	流量/ (kg/s)	压强增量 /MPa	流量/ (kg/s)	压强增量 /MPa	流量/ (kg/s)
27.26	276.18	22.97	199.37	12.66	131.53	8.54	106.48	6.42	81.26

拟合结果：

$$\Delta P = -1.10 \times 10^{-7} \times D^3 + 1.87 \times 10^{-4} \times D^2 - 6.02 \times 10^{-2} \times D + 10.67 \qquad (3\text{-}14)$$

式中，ΔP 为工质经过给水泵后的压强增量；D 为经过给水泵的工质质量流量。

3.2.4 热力系统焓值分布模型

1. 建立热力系统焓值分布模型

(1)主蒸汽焓值 $h_z = h_g + \Delta h_g$。其中，h_g 为给水焓，Δh_g 为锅炉将给水加热为过热蒸汽所输入的热量。

(2)第一段抽汽焓 $h_1 = h_z \times \eta_1$。

(3)第二段抽汽焓 $h_2 = h_1 \times \eta_2$。

(4)第三段抽汽焓 $h_3 = h_2 \times \eta_3$。

(5)第四段抽汽焓 $h_4 = h_3 \times \eta_4$。

(6)第五段抽汽焓 $h_5 = h_4 \times \eta_5$。

(7)第六段抽汽焓 $h_6 = h_5 \times \eta_6$。

(8)第七段抽汽焓 $h_7 = h_6 \times \eta_7$。

(9)第八段抽汽焓 $h_8 = h_7 \times \eta_8$。

(10)排汽焓 $h_p = h_8 \times \eta_9$。

(11)低压加热器（简称低加）回热量 $Q_{dj} = D_{c_5} \times (h_5 - h_{ds}) + D_{c_6} \times (h_6 - h_{ds}) + D_{c_7} \times (h_7 - h_{ds}) D_{c_8} \times (h_8 - h_{ds})$。其中，$D_{c_5}$ 为第五段抽汽流量；D_{c_6} 为第六段抽汽流量；D_{c_7} 为第七段抽汽流量；D_{c_8} 为第八段抽汽流量；h_{ds} 为 8 号低加疏水焓。

(12)四抽回热量 $Q_4 = D_{c_4} \times h_4$。

(13)高加回热量 $Q_{gj} = D_{c_1} \times h_1 + D_{c_2} \times h_2 + D_{c_3} \times h_3$。其中，$D_{c_1}$ 为第一段抽汽流量；D_{c_2} 为第二段抽汽流量；D_{c_3} 为第三段抽汽流量。

(14)给水泵输入热量 $Q_b = D \times \Delta h_b$。其中，$D$ 为给水流量；Δh_b 为单位质量流量的给水经过给水泵后增加的焓值。

(15)高加出口给水焓 $h_g = \dfrac{h_{nj} \times D_{nj} + Q_{dj} + Q_4 + Q_{gj} + Q_b}{D}$。其中，$h_{nj}$ 为凝结水泵出口单位质量流量工质的焓；D_{nj} 为凝结水流量。

2. 基于 IAPWS-IF97 的水蒸气焓值计算程序的编制

在热力系统建模过程中，会遇到已知水蒸气温度和压力，需要知道水蒸气焓值的情况，因此，本书应用国际水和水蒸气热力性质协会(IAPWS)在 1997 年推出的 IAPWS-IF97 系列公式，编制水蒸气焓值计算程序，计算范围为：273.15K≤T≤1073.15K，p≤100MPa 和 1073.15K≤T≤2273.15K，p≤50MPa，详见文献[137]。

3.2.5　模型验证

第 2 章建立了热力系统的流体网络模型，并计算了几个工况下各支路的工质流量，本章建立了工质流量与汽轮机各级段间热效率的关联模型和给水泵的流量-工质焓增模型，通过对这两章模型的联立求解，可得到热力系统中的焓值分布。下面对焓值分布的计算结果进行验证。假设凝结水的焓值在运行过程中保持不变，因为运行中凝汽器的压力是被控制，基本为定值的，所以凝结水的温度为对应压力下的饱和水温度，凝结水的焓值为对应压力下的饱和水焓值。在给定主蒸汽焓值和第 2 章流量计算结果的基础上，利用本章公式计算热力系统焓值分布，与设计工况进行比较如下。

1. 100%THA 工况的数据验证

100%THA 工况热力系统焓值分布和汽轮机各级段功率的设计值与计算值进行比较，如表 3-12 和表 3-13 所示。

表 3-12　100%THA 工况热力系统焓值分布计算结果的比较

节点焓值	设计焓值/ (kJ/kg)	计算焓值/ (kJ/kg)	(计算值−设计值)/设计值 ×100/%
主蒸汽	3396.00	3398.37	0.07
第一段抽汽	3072.80	3089.74	0.55
第二段抽汽	2994.10	3007.75	0.46
第三段抽汽	3413.90	3417.60	0.11
第四段抽汽	3163.40	3168.22	0.15
第五段抽汽	3047.70	3051.74	0.13
第六段抽汽	2852.60	2857.33	0.17
第七段抽汽	2649.00	2653.82	0.18
第八段抽汽	2499.60	2504.94	0.21
低压缸排汽	2335.10	2340.01	0.21
高加出口给水	1213.60	1217.03	0.07

表 3-13　100%THA 工况汽轮机各级段功率计算结果的比较

各级段功率	设计值 /kW	计算值 /kW	(计算值−设计值)/设计值 ×100/%
第一级段(主汽至一抽)	86142.68	82327.59	−4.43
第二级段(一抽至二抽)	19657.51	20495.63	4.26
第三级段(再热至三抽)	43518.93	43228.09	−0.67
第四级段(三抽至四抽)	55994.40	55797.12	−0.35
第五级段(四抽至五抽)	23423.47	23614.58	0.82
第六级段(五抽至六抽)	37204.49	37126.94	−0.21

各级段功率	设计值 /kW	计算值 /kW	(计算值−设计值)/设计值 ×100/%
第七级段(六抽至七抽)	36167.84	36494.22	0.90
第八级段(七抽至八抽)	25277.65	25429.26	0.60
第九级段(八抽至排汽)	26623.41	26710.87	0.33
汽轮机功率	354010.40	351224.30	−0.79

2. 75%THA 工况的数据验证

75%THA 工况热力系统焓值分布和汽轮机各级段功率的设计值与计算值比较，如表 3-14 和表 3-15 所示。

表 3-14　75%THA 工况热力系统焓值分布计算结果的比较

节点焓值	设计焓值/ (kJ/kg)	计算焓值/ (kJ/kg)	(计算值−设计值)/设计值 ×100/%
主蒸汽	3449.50	3442.20	−0.21
第一段抽汽	3105.50	3099.00	−0.21
第二段抽汽	3024.20	3019.55	−0.15
第三段抽汽	3424.00	3409.14	−0.43
第四段抽汽	3175.70	3161.63	−0.44
第五段抽汽	3059.80	3045.76	−0.46
第六段抽汽	2863.20	2850.74	−0.44
第七段抽汽	2655.70	2644.40	−0.43
第八段抽汽	2507.70	2497.67	−0.40
低压缸排汽	2355.00	2345.38	−0.41
高加出口给水	1123.50	1119.39	−0.37

表 3-15　75%THA 工况汽轮机各级段功率计算结果的比较

各级段功率	设计值 /kW	计算值 /kW	(计算值−设计值)/设计值 ×100/%
第一级段(主汽至一抽)	66367.16	66302.60	−0.10
第二级段(一抽至二抽)	14832.28	14513.88	−2.15
第三级段(再热至三抽)	31863.83	31687.38	−0.55
第四级段(三抽至四抽)	41097.10	41025.78	−0.17
第五级段(四抽至五抽)	17633.86	17667.82	0.19
第六级段(五抽至六抽)	28327.88	28159.44	−0.59
第七级段(六抽至七抽)	28224.03	28126.16	−0.35
第八级段(七抽至八抽)	19259.73	19134.59	−0.65
第九级段(八抽至排汽)	19063.75	19052.87	−0.06
汽轮机功率	266669.60	265670.50	−0.37

3. 50%THA 工况的数据验证

50%THA 工况热力系统焓值分布和汽轮机各级段功率的设计值与计算值比较，如表 3-16 和表 3-17 所示。

表 3-16　50%THA 工况热力系统焓值分布计算结果的比较

节点焓值	设计焓值/(kJ/kg)	计算焓值/(kJ/kg)	(计算值–设计值)/设计值×100/%
主蒸汽	3513.40	3505.90	−0.21
第一段抽汽	3159.40	3157.03	−0.08
第二段抽汽	3072.40	3070.26	−0.07
第三段抽汽	3412.50	3409.34	−0.09
第四段抽汽	3171.80	3168.78	−0.10
第五段抽汽	3057.40	3054.20	−0.10
第六段抽汽	2862.60	2860.26	−0.08
第七段抽汽	2654.10	2652.41	−0.06
第八段抽汽	2509.70	2507.72	−0.08
低压缸排汽	2391.50	2389.93	−0.07
高加出口给水	1017.40	1018.42	0.10

表 3-17　50%THA 工况汽轮机各级段功率计算结果的比较

各级段功率	设计值/kW	计算值/kW	(计算值–设计值)/设计值×100/%
第一级段(主汽至一抽)	45784.98	45273.51	−1.12
第二级段(一抽至二抽)	10737.01	10745.17	0.08
第三级段(再热至三抽)	20890.90	20895.77	0.02
第四级段(三抽至四抽)	26949.71	27023.37	0.27
第五级段(四抽至五抽)	12011.36	12061.82	0.42
第六级段(五抽至六抽)	19482.71	19448.98	−0.17
第七级段(六抽至七抽)	19783.75	19775.08	−0.04
第八级段(七抽至八抽)	13166.47	13228.62	0.47
第九级段(八抽至排汽)	10498.46	10490.05	−0.08
汽轮机功率	179305.40	178942.40	−0.20

4. 40%THA 工况的数据验证

40%THA 工况热力系统焓值分布和汽轮机各级段功率的设计值与计算值比较，如表 3-18 和表 3-19 所示。

表 3-18　40%THA 热力系统焓值分布计算结果的比较

节点焓值	设计焓值/ （kJ/kg）	计算焓值/ （kJ/kg）	（计算值−设计值)/设计值 ×100/%
主蒸汽	3537.50	3528.30	−0.26
第一段抽汽	3180.80	3172.06	−0.27
第二段抽汽	3091.20	3083.68	−0.24
第三段抽汽	3393.20	3376.40	−0.50
第四段抽汽	3157.80	3141.71	−0.51
第五段抽汽	3045.20	3029.33	−0.52
第六段抽汽	2853.40	2838.73	−0.51
第七段抽汽	2647.30	2633.54	−0.52
第八段抽汽	2504.10	2491.52	−0.50
低压缸排汽	2412.80	2400.25	−0.52
高加出口给水	966.60	963.43	−0.33

表 3-19　40%THA 工况汽轮机各级段功率计算结果的比较

各机组功率	设计值/kW	计算值/kW	（计算值−设计值)/设计值×100/%
第一级段（主汽至一抽）	37333.61	37370.72	0.10
第二级段（一抽至二抽）	8977.42	8874.72	−1.14
第三级段（再热至三抽）	16685.90	16649.33	−0.22
第四级段（三抽至四抽）	21561.33	21546.48	−0.07
第五级段（四抽至五抽）	9741.78	9745.73	0.04
第六级段（五抽至六抽）	15844.81	15783.39	−0.39
第七级段（六抽至七抽）	16188.58	16156.46	−0.20
第八级段（七抽至八抽）	10827.51	10764.10	−0.59
第九级段（八抽至排汽）	6774.97	6789.28	0.21
汽轮机功率	143935.90	143680.20	−0.18

5. 30%THA 工况的数据验证

30%THA 工况热力系统焓值分布和汽轮机各级段功率的设计值与计算值比较，如表 3-20 和表 3-21 所示。

表 3-20　30%THA 热力系统焓值分布计算结果的比较

节点焓值	设计焓值/ (kJ/kg)	计算焓值/ (kJ/kg)	(计算值−设计值)/设计值 ×100/%
主蒸汽	3530.10	3521.90	−0.23
第一段抽汽	3155.30	3153.22	−0.07
第二段抽汽	3069.00	3066.18	−0.09
第三段抽汽	3371.80	3359.22	−0.37
第四段抽汽	3141.40	3129.60	−0.38
第五段抽汽	3031.00	3019.43	−0.38
第六段抽汽	2842.70	2832.21	−0.37
第七段抽汽	2639.40	2629.90	−0.36
第八段抽汽	2499.20	2490.44	−0.35
低压缸排汽	2445.90	2436.91	−0.37
高加出口给水	903.30	901.60	−0.19

表 3-21　30%THA 工况汽轮机各级段功率计算结果的比较

各级段功率	设计值 /kW	计算值 /kW	(计算值−设计值)/设计值 ×100/%
第一级段(主汽至一抽)	29902.79	29496.83	−1.36
第二级段(一抽至二抽)	6616.81	6692.79	1.15
第三级段(再热至三抽)	12574.63	12546.38	−0.22
第四级段(三抽至四抽)	16291.20	16277.13	−0.09
第五级段(四抽至五抽)	7396.80	7399.81	0.04
第六级段(五抽至六抽)	12078.92	12039.55	−0.33
第七级段(六抽至七抽)	12429.54	12399.98	−0.24
第八级段(七抽至八抽)	8267.13	8243.46	−0.29
第九级段(八抽至排汽)	3114.35	3135.31	0.67
汽轮机功率	108672.20	108231.20	−0.41

根据以上五个工况的设计值与计算值比较，本书建立的流体网络模型及焓值分布模型的计算精度可以满足工程分析的需要。焓值分布相对误差小于 0.6%，各级段功率相对误差绝对值小于 4.5%。

3.3　有效度计算及分析

各工况下蒸汽循环有效度计算结果如表 3-22 所示。

表 3-22　各工况下蒸汽循环有效度计算结果

有效度	100%THA	75%THA	50%THA	40%THA	30%THA
再热循环	1.1208	1.0861	1.0469	1.0122	1.0039
第一段抽汽	1.2781	1.3043	1.3042	1.3081	1.3497
第二段抽汽	1.3952	1.4189	1.4283	1.4342	1.4921
第三段抽汽	1.1073	1.1086	1.1132	1.1173	1.1243
第四段抽汽	1.3312	1.3355	1.3500	1.3644	1.3903
第五段抽汽	1.4895	1.4969	1.5230	1.5480	1.5924
第六段抽汽	1.9126	1.9355	2.0080	2.0746	2.1942
第七段抽汽	2.9172	3.0224	3.3236	3.6033	4.1573
第八段抽汽	5.2222	5.5872	6.9804	8.6862	14.1500

由计算结果可以看出，对于回热系统，各段抽汽的有效度逐级增加，这是由于随着抽汽压力的降低，抽汽温度和焓值也降低，蒸汽的做功能力逐级减小，降低了蒸汽循环的热效率，因此，增加低段抽汽的抽汽量可以更加有效地提高蒸汽循环热效率。对于再热循环，再热蒸汽的循环热效率略高于主蒸汽，因此，采用中间再热，有利于蒸汽循环热效率的提高。

本书通过改变 100%THA 工况下各抽汽管道流阻，得到一系列热力系统流量变化数据，如表 3-23 和表 3-24 所示，变工况 1~8 分别为改变抽汽管道 1~8 的流阻得到的计算数据。

表 3-23　变工况 1~4 与 100%THA 工况计算结果比较

符号	100%THA 工况	变工况 1	变工况 2	变工况 3	变工况 4
I_1/(kg/s)	276.31	276.46	276.49	276.44	276.38
I_2/(kg/s)	16.77	18.67	16.79	16.78	16.77
I_3/(kg/s)	249.98	248.24	250.13	250.10	250.05
I_4/(kg/s)	21.54	19.81	23.34	21.62	21.53
I_5/(kg/s)	233.73	233.71	232.08	233.76	233.81
I_6/(kg/s)	38.30	38.48	40.13	38.40	38.30
I_7/(kg/s)	14.27	14.15	12.70	15.59	14.02
I_8/(kg/s)	223.74	223.84	223.66	222.45	224.07
I_9/(kg/s)	52.57	52.63	52.83	54.00	52.31
I_{10}/(kg/s)	7.43	7.49	7.38	6.63	8.69
I_{11}/(kg/s)	202.75	202.78	202.72	202.29	201.87

续表

符号	100%THA 工况	变工况 1	变工况 2	变工况 3	变工况 4
I_{12}/(kg/s)	11.78	11.78	11.78	11.75	11.73
I_{13}/(kg/s)	190.97	191.00	190.94	190.54	190.14
I_{14}/(kg/s)	11.65	11.65	11.65	11.62	11.60
I_{15}/(kg/s)	23.43	23.43	23.42	23.37	23.33
I_{16}/(kg/s)	8.51	8.52	8.51	8.49	8.48
I_{17}/(kg/s)	179.32	179.35	179.30	178.91	178.55
I_{18}/(kg/s)	170.81	170.84	170.78	170.42	170.07
I_{19}/(kg/s)	8.86	8.86	8.86	8.84	8.82
I_{20}/(kg/s)	31.94	31.94	31.94	31.87	31.80
I_{21}/(kg/s)	161.95	161.98	161.93	161.58	161.25
I_{22}/(kg/s)	40.79	40.80	40.79	40.70	40.62
I_{23}/(kg/s)	216.31	216.35	216.28	215.82	215.38
I_{24}/(kg/s)	266.75	266.91	266.93	266.88	266.82
I_{25}/(kg/s)	5.28	5.28	5.29	5.29	5.28
I_{26}/(kg/s)	4.28	4.28	4.28	4.28	4.28
I_{27}/(kg/s)	238.01	237.99	236.36	238.04	238.09
I_{28}/(kg/s)	13.57	13.57	13.56	13.53	13.51
再热循环有效度	1.12	1.12	1.12	1.12	1.12
一抽有效度	1.28	1.28	1.28	1.28	1.28
二抽有效度	1.40	1.39	1.40	1.39	1.39
三抽有效度	1.11	1.11	1.11	1.11	1.11
四抽有效度	1.33	1.33	1.33	1.33	1.33
五抽有效度	1.49	1.49	1.49	1.49	1.49
六抽有效度	1.91	1.91	1.91	1.91	1.91
七抽有效度	2.92	2.92	2.92	2.92	2.92
八抽有效度	5.22	5.22	5.22	5.22	5.23
汽轮机功率/kW	351224.42	351093.68	351018.36	351312.31	351725.67
汽轮机相对热效率/%	47.24	47.22	47.21	47.25	47.31

表 3-24 变工况 5~8 与 100%THA 工况计算结果的比较

符号	100%THA 工况	变工况 5	变工况 6	变工况 7	变工况 8
$I_1/$(kg/s)	276.31	276.31	276.31	276.31	276.31
$I_2/$(kg/s)	16.77	16.77	16.77	16.77	16.77
$I_3/$(kg/s)	249.98	249.99	249.98	249.98	249.98
$I_4/$(kg/s)	21.54	21.54	21.54	21.54	21.54
$I_5/$(kg/s)	233.73	233.74	233.73	233.73	233.73
$I_6/$(kg/s)	38.30	38.30	38.30	38.30	38.30
$I_7/$(kg/s)	14.27	14.24	14.26	14.27	14.27
$I_8/$(kg/s)	223.74	223.77	223.74	223.74	223.74
$I_9/$(kg/s)	52.57	52.55	52.57	52.57	52.57
$I_{10}/$(kg/s)	7.43	7.30	7.41	7.44	7.42
$I_{11}/$(kg/s)	202.75	202.93	202.77	202.73	202.76
$I_{12}/$(kg/s)	11.78	13.07	11.43	11.76	11.78
$I_{13}/$(kg/s)	190.97	189.86	191.34	190.97	190.98
$I_{14}/$(kg/s)	11.65	10.53	12.95	11.16	11.64
$I_{15}/$(kg/s)	23.43	23.60	24.38	22.92	23.42
$I_{16}/$(kg/s)	8.51	8.40	7.76	9.82	8.43
$I_{17}/$(kg/s)	179.32	179.33	178.39	179.81	179.34
$I_{18}/$(kg/s)	170.81	170.93	170.62	169.99	170.91
$I_{19}/$(kg/s)	8.86	8.84	8.70	8.23	10.22
$I_{20}/$(kg/s)	31.94	32.00	32.14	32.74	31.85
$I_{21}/$(kg/s)	161.95	162.09	161.92	161.76	160.69
$I_{22}/$(kg/s)	40.79	40.84	40.84	40.98	42.07
$I_{23}/$(kg/s)	216.31	216.47	216.33	216.30	216.32
$I_{24}/$(kg/s)	266.75	266.76	266.75	266.75	266.75
$I_{25}/$(kg/s)	5.28	5.28	5.28	5.28	5.28
$I_{26}/$(kg/s)	4.28	4.28	4.28	4.28	4.28
$I_{27}/$(kg/s)	238.01	238.01	238.01	238.01	238.01
$I_{28}/$(kg/s)	13.57	13.54	13.56	13.57	13.56
再热循环有效度	1.12	1.12	1.12	1.12	1.12
一抽有效度	1.28	1.28	1.28	1.28	1.28
二抽有效度	1.40	1.39	1.40	1.40	1.39
三抽有效度	1.11	1.11	1.11	1.11	1.11
四抽有效度	1.33	1.33	1.33	1.33	1.33
五抽有效度	1.49	1.49	1.49	1.49	1.49
六抽有效度	1.91	1.91	1.91	1.91	1.91
七抽有效度	2.92	2.92	2.92	2.92	2.92
八抽有效度	5.22	5.22	5.22	5.22	5.23
汽轮机功率/kW	351224.42	352210.66	351185.93	351370.78	352365.82
汽轮机相对热效率/%	47.24	47.37	47.23	47.26	47.39

由表 3-23 和表 3-24 中数据分析可以发现如下几方面。

(1)抽汽管道流阻的变化,对其相邻支路影响较大,对于距离较远的支路影响较小。

(2)根据有效度的定义,各段抽汽的有效度变化与抽汽点的焓值变化有关,而影响抽汽点焓值变化的主要因素为抽汽流量变化引起的汽轮机相关级段的蒸汽流量的变化,进而引起的汽轮机相关级段的焓降的变化,在以上工况计算范围内,流体网络整体流量变化不大,因此各段抽汽有效度及再热循环有效度变化不大。

(3)对于本书计算的这个工况,有些抽汽管道流阻降低后,汽轮机相对热效率是降低的,如工况 1、工况 2、工况 6,其他抽汽管道流阻降低后,汽轮机相对热效率是升高的;其中第 4 段和第 8 段抽汽流量增大后,汽轮机相对热效率增加明显。

(4)本节采用的设计工况并没有达到最大的汽轮机相对热效率,显然,在设计上,还有提高的余地,应用寻优算法,在合理的流阻变化范围内,寻找热力系统流体网络的最佳汽轮机相对热效率,将是可行的研究方向。

3.4　本　章　小　结

本章从热力学角度分析了再热蒸汽系统和回热加热系统对于蒸汽循环热效率的提高作用,定义了再热蒸汽系统和回热加热系统有效度的概念,用于分析再热蒸汽系统和回热加热系统对蒸汽循环热效率的提高效果。

本章建立了热力系统热效率分析模型,可以在第 2 章热力系统流体网络模型计算结果的基础上,计算热力系统的焓值分布、汽轮机各级段的功率、汽轮机输出功率、蒸汽循环热效率。将本章所建热力系统热效率模型的计算结果与机组汽轮机热力特性数据进行对比,验证了模型的准确性。

第4章 变工况条件下焓值分布和循环有效度的计算

4.1 流 阻 变 化

算例 4-1 根据算例 2-1 给出的计算条件(350MW 超临界机组，100%THA 工况下，给水管道流阻增加 10%)和计算结果(热力系统流体网络的流量分布和压力分布)，计算热力系统的焓值分布及再热蒸汽和回热抽汽的有效度。

流阻变化前后汽轮机各级段功率及汽轮机功率变化如表 4-1 所示。

表 4-1 流阻变化前后汽轮机各级段功率及汽轮机功率变化情况

各级段功率及汽轮机功率	流阻变化前 /kW	流阻变化后 /kW	(变化后−变化前)/变化前 ×100/%
第一级段(主汽至一抽)	82327.59	81437.00	−1.08
第二级段(一抽至二抽)	20495.63	19898.01	−2.92
第三级段(再热至三抽)	43228.09	41706.76	−3.52
第四级段(三抽至四抽)	55797.12	54881.28	−1.64
第五级段(四抽至五抽)	23614.58	23375.73	−1.01
第六级段(五抽至六抽)	37126.94	36755.89	−1.00
第七级段(六抽至七抽)	36494.22	36136.70	−0.98
第八级段(七抽至八抽)	25429.26	25163.61	−1.04
第九级段(八抽至排汽)	26710.87	26416.15	−1.10
汽轮机功率	351224.30	345771.10	−1.55

流阻变化前后汽轮机功率及汽轮机循环热效率变化如表 4-2 所示。

表 4-2 流阻变化前后汽轮机功率及汽轮机循环热效率的变化

汽轮机功率及 循环热效率	流阻变化前	流阻变化后	流阻变化后/流阻变化前/%
汽轮机功率	351.22MW	346.53MW	98.66
汽轮机循环热效率	47.24%	46.61%	98.66

流阻变化前后热力系统焓值分布变化如表 4-3 所示。

表 4-3　流阻变化前后热力系统焓值分布的变化

工质的焓	流阻变化前/ (kJ/kg)	流阻变化后/ (kJ/kg)	(流阻变化后−流阻变化 前)/流阻变化前×100/%
主蒸汽的焓	3398.37	3369.78	−0.84
一抽蒸汽的焓	3089.74	3060.64	−0.94
二抽蒸汽的焓	3007.75	2980.04	−0.92
再热蒸汽的焓	3599.23	3578.94	−0.56
三抽蒸汽的焓	3417.60	3398.26	−0.57
四抽蒸汽的焓	3168.22	3150.17	−0.57
五抽蒸汽的焓	3051.74	3034.36	−0.57
六抽蒸汽的焓	2857.33	2841.03	−0.57
七抽蒸汽的焓	2653.82	2638.61	−0.57
八抽蒸汽的焓	2504.94	2490.63	−0.57
排汽的焓	2340.01	2326.79	−0.56
给水的焓	1217.03	1160.91	−4.61

流阻变化前后再热循环及各段抽汽有效度变化如表 4-4 所示。

表 4-4　流阻变化前后再热循环及各段抽汽有效度变化

工质的循环有效度	流阻变化前	流阻变化后	(流阻变化后−流阻变化 前)/流阻变化前×100/%
再热循环有效度	1.1208	1.1276	0.61
一抽有效度	1.2781	1.2854	0.57
二抽有效度	1.3952	1.4042	0.65
三抽有效度	1.1073	1.1073	0.00
四抽有效度	1.3312	1.3313	0.01
五抽有效度	1.4895	1.4897	0.01
六抽有效度	1.9126	1.9130	0.02
七抽有效度	2.9172	2.9188	0.05
八抽有效度	5.2222	5.2267	0.09

由表 4-2 的计算结果可以得知，给水管道流阻增加 10%，汽轮机的功率和循环热效率将下降至变化前的 98.6%。这是由于流阻增加，流体网络的阻力增大，工质流量减小，回热系统抽汽流量减小，给水获得的热量减小，给水焓值下降，在锅炉输入热量不变的情况下，主蒸汽焓值下降，汽轮机的功率下降，汽轮机循环热效率也相应下降。

由表 4-3 的计算结果可以得知，给水管道流阻增加 10%，热力系统各节点焓值都有所降低，体现了热力系统中给水管道阻力增加，对锅炉输入能量的消耗，使热力系统整体焓值降低。这说明，在运行中，主给水管道若由于滤网堵塞或截流调节等原因，管道流阻增大，则会使汽轮机循环热效率降低，在锅炉输入热量不变的情况下，机组负荷会下降。

由表 4-1、表 4-4 的计算结果可以得知，由于流阻的增大，汽轮机功率减小，此时，再热循环和回热系统的有效度都略有提高，说明在此种条件下，增加汽轮机抽汽和再热蒸汽流量，有利于提高汽轮机的循环热效率。

4.2　压 力 变 化

本书分两种情况讨论压力的变化对热力系统效率的影响，一种为水泵扬程变化，导致的水泵出口压力变化，进而导致的流体网络变化；另一种为流体网络中节点压力变化导致的流体网络变化。

4.2.1　水泵扬程变化

1. 给水泵扬程下降 10%

算例 4-2　根据算例 2-2 的计算条件(100%THA 工况，其他条件不变的情况下，给水泵扬程下降 10%)和计算结果(即热力系统流体网络的流量分布和压力分布)，计算热力系统的焓值分布及再热蒸汽和回热抽汽的有效度。

给水泵扬程变化前后汽轮机各级段功率变化如表 4-5 所示。

表 4-5　给水泵扬程变化前后汽轮机各级段功率的变化

各级段功率	扬程变化前/kW	扬程变化后/kW	(扬程变化后–扬程变化前)/扬程变化前×100/%
第一级段(主汽至一抽)	82327.59	82241.45	−0.10
第二级段(一抽至二抽)	20495.63	18388.81	−10.28
第三级段(再热至三抽)	43228.09	41019.59	−5.11
第四级段(三抽至四抽)	55797.12	53724.73	−3.71
第五级段(四抽至五抽)	23614.58	23460.19	−0.65
第六级段(五抽至六抽)	37126.94	36957.88	−0.46
第七级段(六抽至七抽)	36494.22	36392.92	−0.28
第八级段(七抽至八抽)	25429.26	25197.49	−0.91
第九级段(八抽至排汽)	26710.87	26237.67	−1.77
汽轮机功率	351224.30	343620.70	−2.16

给水泵扬程变化前后汽轮机功率及汽轮机循环热效率变化如表 4-6 所示。

表 4-6 给水泵扬程变化前后汽轮机功率及汽轮机循环热效率的变化

汽轮机功率及循环热效率	扬程变化前	扬程变化后	扬程变化后/扬程变化前
汽轮机功率	351.22MW	343.62MW	97.84%
汽轮机循环热效率	47.24%	46.22%	97.84%

给水泵扬程变化前后热力系统焓值分布变化如表 4-7 所示。

表 4-7 给水泵扬程变化前后热力系统焓值分布变化

工质的焓	扬程变化前 /(kJ/kg)	扬程变化后 /(kJ/kg)	(扬程变化后−扬程变化前)/扬程 变化前×100/%
主蒸汽的焓	3398.37	3541.00	4.20
一抽蒸汽的焓	3089.74	3199.60	3.56
二抽蒸汽的焓	3007.75	3118.15	3.67
再热蒸汽的焓	3599.23	3772.54	4.82
三抽蒸汽的焓	3417.60	3581.86	4.81
四抽蒸汽的焓	3168.22	3319.97	4.79
五抽蒸汽的焓	3051.74	3197.95	4.79
六抽蒸汽的焓	2857.33	2993.88	4.78
七抽蒸汽的焓	2653.82	2779.88	4.75
八抽蒸汽的焓	2504.94	2624.32	4.77
排汽的焓	2340.01	2453.48	4.85
给水的焓	1217.03	1125.60	−7.51

给水泵扬程变化前后再热循环及各段抽汽有效度变化如表 4-8 所示。

表 4-8 给水泵扬程变化前后再热循环及各段抽汽有效度的变化

工质的循环有效度	扬程变化前	扬程变化后	(扬程变化后−扬程变化前)/扬程 变化前×100/%
再热循环有效度	1.1208	1.1357	1.33
一抽有效度	1.2781	1.3114	2.61
二抽有效度	1.3952	1.4330	2.71
三抽有效度	1.1073	1.1077	0.04
四抽有效度	1.3312	1.3328	0.12
五抽有效度	1.4895	1.4918	0.15
六抽有效度	1.9126	1.9182	0.29
七抽有效度	2.9172	2.9381	0.72
八抽有效度	5.2222	5.2831	1.17

由表 4-5、表 4-6 的计算结果可以得知，给水泵扬程下降 10%后，汽轮机的功率和循环热效率将下降至变化前的 97.84%。这是因为给水泵扬程下降，热力系统工质流量减小，回热系统抽汽流量减小，使给水获得的热量减小，给水焓值下降，在锅炉输入热量不变的情况下，虽然主蒸汽焓值上升，但汽轮机各级效率降低，排汽焓值也增加，汽轮机的功率下降，汽轮机循环热效率也相应下降。

由表 4-7 和表 4-8 的计算结果可以得知，由于给水泵扬程降低，工质流量降低，汽轮机功率减小，此时，再热循环和回热系统的有效度都略有提高，说明在此种条件下，增加汽轮机抽汽和再热蒸汽流量，有利于提高汽轮机的循环热效率。

2. 给水泵和凝结水泵扬程降低 10%

给水泵和凝结水泵扬程变化前后汽轮机各级段功率变化如表 4-9 所示。

表 4-9　给水泵和凝结水泵扬程变化前后汽轮机各级段功率的变化

各级段功率	扬程变化前 /kW	扬程变化后 /kW	（扬程变化后−扬程变化前）/扬程变化前×100/%
第一级段（主汽至一抽）	82327.59	85843.51	4.27
第二级段（一抽至二抽）	20495.63	19153.12	−6.55
第三级段（再热至三抽）	43228.09	42424.37	−1.86
第四级段（三抽至四抽）	55797.12	54774.54	−1.83
第五级段（四抽至五抽）	23614.58	23118.09	−2.10
第六级段（五抽至六抽）	37126.94	36481.69	−1.74
第七级段（六抽至七抽）	36494.22	35995.52	−1.37
第八级段（七抽至八抽）	25429.26	24775.74	−2.57
第九级段（八抽至排汽）	26710.87	25537.17	−4.39
汽轮机功率	351224.30	348103.80	−0.89

给水泵和凝结水泵扬程变化前后汽轮机功率及汽轮机循环热效率变化如表 4-10 所示。

表 4-10　给水泵和凝结水泵扬程变化前后汽轮机功率及汽轮机循环热效率的变化

汽轮机功率及循环热效率	扬程变化前	扬程变化后	扬程变化后/扬程变化前
汽轮机功率	351.22MW	348.10/MW	99.11%
汽轮机循环热效率	47.24%	46.82%	99.11%

给水泵和凝结水泵扬程变化前后热力系统焓值分布变化如表 4-11 所示。

表 4-11　给水泵和凝结水泵扬程变化前后热力系统焓值分布的变化

工质的焓	扬程变化前/ (kJ/kg)	扬程变化后/ (kJ/kg)	(扬程变化后−扬程变化前)/扬程 变化前×100/%
主蒸汽的焓	3398.37	3703.98	8.99
一抽蒸汽的焓	3089.74	3346.41	8.31
二抽蒸汽的焓	3007.75	3261.28	8.43
再热蒸汽的焓	3599.23	3918.48	8.87
三抽蒸汽的焓	3417.60	3720.42	8.86
四抽蒸汽的焓	3168.22	3448.41	8.84
五抽蒸汽的焓	3051.74	3321.72	8.85
六抽蒸汽的焓	2857.33	3109.45	8.82
七抽蒸汽的焓	2653.82	2886.42	8.76
八抽蒸汽的焓	2504.94	2725.25	8.80
排汽的焓	2340.01	2550.05	8.98
给水的焓	1217.03	1280.25	5.19

给水泵和凝结水泵扬程变化前后再热循环及各段抽汽有效度变化如表 4-12 所示。

表 4-12　给水泵和凝结水泵扬程变化前后再热循环及各段抽汽有效度的变化

工质的循环有效度	扬程变化前	扬程变化后	(扬程变化后−扬程变化前)/扬程 变化前×100/%
再热循环有效度	1.1208	1.1186	−0.20
一抽有效度	1.2781	1.3038	2.01
二抽有效度	1.3952	1.4211	1.86
三抽有效度	1.1073	1.1080	0.06
四抽有效度	1.3312	1.3339	0.20
五抽有效度	1.4895	1.4935	0.27
六抽有效度	1.9126	1.9230	0.54
七抽有效度	2.9172	2.9581	1.40
八抽有效度	5.2222	5.3464	2.38

由表 4-9、表 4-10 的计算结果可以得知，给水泵扬程和凝结水泵扬程同时降低 10%后，汽水系统整体流量降低，汽轮机的功率和循环热效率将下降至变化前的 99.11%，下降幅度小于只有给水泵扬程降低的情况。

由表 4-11 和表 4-12 的计算结果可以得知，由于给水泵扬程降低，工质流量降低，汽轮机功率减小，此时，再热循环和回热系统的有效度都略有提高，说明在此种条件下，增加汽轮机抽汽和再热蒸汽流量，有利于提高汽轮机的循环热效率。

3. 凝结水泵扬程降低 10%

凝结水泵扬程变化前后汽轮机各级段功率变化如表 4-13 所示。

表 4-13　凝结水泵扬程变化前后汽轮机各级段功率的变化

各级段功率	扬程变化前/kW	扬程变化后/kW	(扬程变化后–扬程变化前)/扬程变化前×100/%
第一级段(主汽至一抽)	82327.59	85843.26	4.27
第二级段(一抽至二抽)	20495.63	21302.06	3.93
第三级段(再热至三抽)	43228.09	44684.99	3.37
第四级段(三抽至四抽)	55797.12	57202.43	2.52
第五级段(四抽至五抽)	23614.58	22872.10	−3.14
第六级段(五抽至六抽)	37126.94	36047.95	−2.91
第七级段(六抽至七抽)	36494.22	35515.80	−2.68
第八级段(七抽至八抽)	25429.26	24550.47	−3.46
第九级段(八抽至排汽)	26710.87	25497.62	−4.54
汽轮机功率	351224.30	353516.70	0.65

凝结水泵扬程变化前后汽轮机功率及汽轮机循环热效率变化如表 4-14 所示。

表 4-14　凝结水泵扬程变化前后汽轮机功率及汽轮机循环热效率的变化

汽轮机功率及循环热效率	扬程变化前	扬程变化后	扬程变化后/扬程变化前
汽轮机功率	351.21MW	353.52MW	100.658%
汽轮机循环热效率	47.24%	47.55%	100.656%

凝结水泵扬程变化前后热力系统焓值分布变化如表 4-15 所示。

表 4-15　凝结水泵扬程变化前后热力系统焓值分布的变化

工质的焓	扬程变化前 /(kJ/kg)	扬程变化后 /(kJ/kg)	(扬程变化后−扬程变化前)/扬程 变化前×100/%
主蒸汽的焓	3398.19	3544.67	4.31
一抽的焓	3089.57	3222.20	4.29
二抽的焓	3007.59	3136.81	4.30
再热蒸汽的焓	3599.07	3729.81	3.63
三抽的焓	3417.45	3541.58	3.63
四抽的焓	3168.08	3283.02	3.63
五抽的焓	3051.61	3162.37	3.63
六抽的焓	2857.21	2960.49	3.61
七抽的焓	2653.70	2748.67	3.58
八抽的焓	2504.83	2594.95	3.60
排汽的焓	2339.91	2426.57	3.70
给水的焓	1216.85	1358.85	11.67

凝结水泵扬程变化前后再热循环及各级抽汽有效度变化如表 4-16 所示。

表 4-16　凝结水泵扬程变化前后再热循环及各段抽汽有效度的变化

工质的循环有效度	扬程变化前	扬程变化后	(扬程变化后−扬程变化前)/扬程 变化前×100/%
再热循环有效度	1.1208	1.1055	−1.37
一抽有效度	1.2781	1.2723	−0.45
二抽有效度	1.3952	1.3859	−0.67
三抽有效度	1.1073	1.1076	0.03
四抽有效度	1.3312	1.3325	0.10
五抽有效度	1.4895	1.4915	0.13
六抽有效度	1.9126	1.9183	0.30
七抽有效度	2.9172	2.9414	0.83
八抽有效度	5.2222	5.2954	1.40

由表 4-13～表 4-16 可知，在凝结水泵扬程降低 10% 的情况下，机组的功率和蒸汽循环热效率都有所提高，蒸汽循环系统各处焓值均有所增加，由于高压抽汽焓值的增加较多，给水焓值得到较大幅度的增加，在这种情况下，一抽、二抽和再热蒸汽的循环有效度降低，而三至八抽的各段抽汽有效度有所增加，并呈逐级递增的趋势，在这种情况下，增加低压抽汽，会增加机组的循环热效率。

4.2.2　节点压力变化

根据算例 2-3 的计算条件(100%THA 工况,其他条件不变的情况下,凝汽器真空降低 10%)和计算结果(热力系统流体网络的质量流量分布和节点压力分布),计算热力系统的焓值分布及再热蒸汽和回热抽汽的有效度。

凝汽器真空变化前后汽轮机各级段做量变化如表 4-17 所示。

表 4-17　凝汽器真空变化前后汽轮机各级组功率的变化

各级段功率	真空变化前 /kW	真空变化后 /kW	(真空变化后−真空变化前)/真空 变化前×100/%
第一级段(主汽至一抽)	82327.59	80156.20	−2.64
第二级段(一抽至二抽)	20495.63	19814.65	−3.32
第三级段(再热至三抽)	43228.09	42130.46	−2.54
第四级段(三抽至四抽)	55797.12	54197.62	−2.87
第五级段(四抽至五抽)	23614.58	22283.33	−5.64
第六级段(五抽至六抽)	37126.94	35084.01	−5.50
第七级段(六抽至七抽)	36494.22	34548.07	−5.33
第八级段(七抽至八抽)	25429.26	24261.03	−4.59
第九级段(八抽至排汽)	26710.87	27078.37	1.38
汽轮机功率	351224.30	339553.70	−3.32

凝汽器真空变化前后汽轮机功率及汽轮机循环热效率变化如表 4-18 所示。

表 4-18　凝汽器真空变化前后汽轮机功率及汽轮机循环热效率的变化

汽轮机功率及 循环热效率	真空变化前	真空变化后	真空变化后/真空变化前
汽轮机功率	351.21MW	339.55MW	96.68%
汽轮机循环热效率	47.24%	45.67%	96.68%

凝汽器真空变化前后热力系统焓值分布变化如表 4-19 所示。

表 4-19　凝汽器真空变化前后热力系统焓值分布的变化

工质的焓	真空变化前 /(kJ/kg)	真空变化后 /(kJ/kg)	(真空变化后−真空变化前)/真空 变化前×100/%
主蒸汽的焓	3398.19	3311.33	−2.56
一抽蒸汽的焓	3089.57	3009.46	−2.59
二抽蒸汽的焓	3007.59	2929.83	−2.59
再热蒸汽的焓	3599.07	3524.15	−2.08
三抽蒸汽的焓	3417.45	3346.29	−2.08

工质的焓	真空变化前 /(kJ/kg)	真空变化后 /(kJ/kg)	(真空变化后−真空变化前)/真空 变化前×100/%
四抽蒸汽的焓	3168.08	3102.01	−2.09
五抽蒸汽的焓	3051.61	2988.00	−2.08
六抽蒸汽的焓	2857.21	2797.42	−2.09
七抽蒸汽的焓	2653.70	2597.69	−2.11
八抽蒸汽的焓	2504.83	2452.14	−2.10
排汽的焓	2339.91	2289.68	−2.15
给水的焓	1216.85	1119.97	−7.96

凝汽器真空变化前后再热循环及各段抽汽有效度变化如表 4-20 所示。

表 4-20 凝汽器真空变化前后再热循环及各段抽汽有效度的变化

工质的循环有效度	真空变化前	真空变化后	(真空变化后−真空变化前)/真空 变化前×100/%
再热循环有效度	1.1208	1.1324	1.04
一抽有效度	1.2781	1.2844	0.50
二抽有效度	1.3952	1.4042	0.64
三抽有效度	1.1073	1.1070	−0.03
四抽有效度	1.3312	1.3303	−0.07
五抽有效度	1.4895	1.4880	−0.10
六抽有效度	1.9126	1.9098	−0.15
七抽有效度	2.9172	2.9119	−0.18
八抽有效度	5.2222	5.1944	−0.53

由表 4-17～表 4-20 的计算结果可以得出，凝汽器真空降低后，除了第九级段，汽轮机各级段功率均有所减少，汽轮机功率下降。从焓值分布看，各抽汽点焓值均有所降低。第九级段的功率增加，是由第九级段的质量流量增大造成的。

凝汽器真空降低后，高压缸抽汽的有效度略有升高，再热循环的有效度也有所升高，但中低压缸抽汽的有效度降低，说明中低压抽汽的效率开始降低。

4.3 支 路 变 化

算例 4-3 根据算例 2-4，在 100%THA 设计工况下，3 号高加水侧发生泄漏，计算热力系统的焓值分布及再热蒸汽和回热抽汽的有效度。

3 号高加泄漏前后汽轮机各级段功率变化如表 4-21 所示。

表 4-21   3 号高加泄漏前后汽轮机各级段功率的变化

各级段功率	高加泄漏前 /kW	高加泄漏后 /kW	(高加泄漏后−高加泄漏前)/高加 泄漏前×100/%
第一级段(主汽至一抽)	82327.59	80606.74	−2.09
第二级段(一抽至二抽)	20495.63	20018.85	−2.33
第三级段(再热至三抽)	43228.09	42463.41	−1.77
第四级段(三抽至四抽)	55797.12	55807.02	0.02
第五级段(四抽至五抽)	23614.58	23381.35	−0.99
第六级段(五抽至六抽)	37126.94	36749.39	−1.02
第七级段(六抽至七抽)	36494.22	36114.90	−1.04
第八级段(七抽至八抽)	25429.26	25187.73	−0.95
第九级段(八抽至排汽)	26710.87	26488.01	−0.83
汽轮机功率	351224.30	346817.40	−1.25

3 号高加泄漏前后汽轮机功率及汽轮机循环热效率变化如表 4-22 所示。

表 4-22   3 号高加泄漏前后汽轮机功率及汽轮机循环热效率的变化

汽轮机功率及 循环热效率	高加泄漏前	高加泄漏后	高加泄漏后/高加泄漏前
汽轮机功率	351.21MW	346.82MW	98.75%
汽轮机循环热效率	47.24%	46.65%	98.75%

3 号高加泄漏前后热力系统焓值分布如表 4-23 所示。

表 4-23   3 号高加泄漏前后热力系统焓值分布

工质的焓	高加泄漏前 /(kJ/kg)	高加泄漏后 /(kJ/kg)	(高加泄漏后−高加泄漏前)/高加 泄漏前×100/%
主蒸汽的焓	3398.19	3328.20	−2.06
一抽蒸汽的焓	3089.57	3025.53	−2.07
二抽蒸汽的焓	3007.59	2945.33	−2.07
再热蒸汽的焓	3599.07	3537.07	−1.72
三抽蒸汽的焓	3417.45	3358.58	−1.72
四抽蒸汽的焓	3168.08	3113.74	−1.72
五抽蒸汽的焓	3051.61	2999.27	−1.72
六抽蒸汽的焓	2857.21	2808.25	−1.71
七抽蒸汽的焓	2653.70	2608.33	−1.71
八抽蒸汽的焓	2504.83	2461.95	−1.71
排汽的焓	2339.91	2299.60	−1.72
给水的焓	1216.85	1143.23	−6.05

3 号高加泄漏前后再热循环及各段抽汽有效度变化如表 4-24 所示。

表 4-24　3 号高加泄漏前后再热循环及各段抽汽有效度的变化

工质的循环有效度	高加泄漏前	高加泄漏后	（高加泄漏后–高加泄漏前）/高加泄漏前×100/%
再热循环有效度	1.1208	1.1292	0.75
一抽有效度	1.2781	1.2826	0.35
二抽有效度	1.3952	1.4019	0.48
三抽有效度	1.1073	1.1072	−0.01
四抽有效度	1.3312	1.3308	−0.03
五抽有效度	1.4895	1.4890	−0.03
六抽有效度	1.9126	1.9115	−0.06
七抽有效度	2.9172	2.9136	−0.12
八抽有效度	5.2222	5.2125	−0.19

　　由表 4-21～表 4-24 可以看出，3 号高加泄漏后，汽轮机功率和蒸汽的循环热效率都有所降低。由于高加系统，第一、第二、第三段抽汽流量减小（算例 2-4），且抽汽焓值降低，导致给水焓值降低较多，在锅炉输入热量不变的情况下，蒸汽循环系统各处焓值均有所降低。从各段抽汽的有效度来看，一抽、二抽汽和再热循环的有效度均有所增加，而四抽至八抽的有效度有所减少，也就是说，在这种情况下增加第一、第二段抽汽和再热蒸汽流量，而降低低压抽汽流量，有利于循环热效率的增加。

4.4　本　章　小　结

　　本章应用第 2 章所建立的热力系统流体网络模型给出的三种类型的变工况计算结果和第 3 章建立的热力系统热效率分析模型，对三种类型的变工况进行了热效率分析计算。

　　从热力系统焓值分布变化、汽轮机各级段功率变化、汽轮机功率和蒸汽循环热效率变化、再热蒸汽系统和回热加热系统有效度变化这四个方面，分析了热力系统局部流阻变化、节点压力或水泵扬程变化、流体网络支路变化这三种情况下的热力系统变化。

第5章 热力系统增加0号高加的算例

5.1 增加0号高加的热力系统模型

目前，为了提高机组的循环热效率，部分机组提出了给回热加热系统增加 0 号高加的热力系统改造方案[138,139]。那么究竟增加 0 号高加对于提高循环热效率究竟有没有帮助呢？增加 0 号高加会对原热力系统产生哪些影响呢？本章应用第 2～4 章提出的热力系统分析方法，以本书研究的 350MW 超临界热电机组为对象，在此机组热力系统基础上，在高压调节汽门后增加 0 段抽汽，再对热力系统进行计算分析，以获得对增加 0 号高加后的热力系统的进一步认识。

5.1.1 等值电路模型

增加 0 号高加后的热力系统等值电路模型如图 5-1 所示。

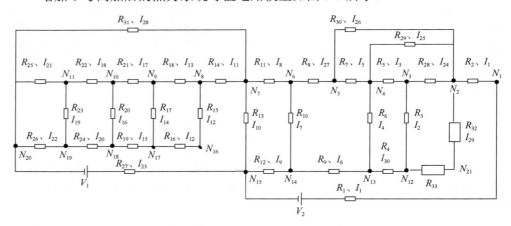

图 5-1 增加 0 号高加后的热力系统等值电路模型

R_{32} 为 0 号高加抽汽流阻；R_{33} 为 0 号高加疏水流阻；I_{29} 为 0 号高加抽汽流量；
I_{30} 为 1 号高加疏水流量；N_{21} 为 0 号高加

5.1.2 数学模型

节点电流方程：

$$I_1 = I_{24} + I_{25} + I_{26} + I_{29} \tag{5-1}$$

$$I_{24} = I_3 + I_2 \tag{5-2}$$

$$I_{25} + I_3 = I_5 + I_4 \tag{5-3}$$

$$I_{27} = I_{26} + I_5 \tag{5-4}$$

$$I_{27} = I_8 + I_7 \tag{5-5}$$

$$I_8 = I_{10} + I_{11} + I_{28} \tag{5-6}$$

$$I_{11} = I_{12} + I_{13} \tag{5-7}$$

$$I_{13} = I_{14} + I_{17} \tag{5-8}$$

$$I_{17} = I_{16} + I_{18} \tag{5-9}$$

$$I_{18} = I_{19} + I_{21} \tag{5-10}$$

$$I_{30} = I_2 + I_{29} \tag{5-11}$$

$$I_6 = I_{30} + I_4 \tag{5-12}$$

$$I_9 = I_6 + I_7 \tag{5-13}$$

$$I_1 = I_9 + I_{10} + I_{23} \tag{5-14}$$

$$I_{15} = I_{12} + I_{14} \tag{5-15}$$

$$I_{20} = I_{15} + I_{16} \tag{5-16}$$

$$I_{22} = I_{19} + I_{20} \tag{5-17}$$

独立回路电压方程：

$$R_{25}I_{21} = R_{23}I_{19} + R_{26}I_{22} \tag{5-18}$$

$$R_{22}I_{18} + R_{23}I_{19} = R_{20}I_{16} + R_{24}I_{20} \tag{5-19}$$

$$R_{21}I_{17} + R_{20}I_{16} = R_{17}I_{14} + R_{19}I_{15} \tag{5-20}$$

$$R_{18}I_{13} + R_{17}I_{14} = R_{15}I_{12} + R_{16}I_{12} \tag{5-21}$$

$$R_{14}I_{11} + R_{15}I_{12} + R_{16}I_{12} + R_{19}I_{15} + R_{24}I_{20} + R_{26}I_{22} + R_{27}I_{23}$$
$$= R_{13}I_{10} + U_{nb} \tag{5-22}$$

$$R_{11}I_8 + R_{13}I_{10} = R_{10}I_7 + R_{12}I_9 \tag{5-23}$$

$$R_7I_5 + R_8I_{27} + R_{10}I_7 = R_6I_4 + R_9I_6 \tag{5-24}$$

$$R_5I_3 + R_6I_4 = R_3I_2 + R_4I_{30} \tag{5-25}$$

$$R_{32}I_{29} + R_{33}I_{29} = R_{28}I_{24} + R_3I_2 \tag{5-26}$$

$$R_1I_1 + R_2I_1 + R_{32}I_{29} + R_{33}I_{29} + R_4I_{30} + R_9I_6 + R_{12}I_9 = U_{gb} \tag{5-27}$$

$$R_{28}I_{24} + R_5I_3 = R_{29}I_{25} \tag{5-28}$$

$$R_{30}I_{26} = R_{29}I_{25} + R_7I_5 \tag{5-29}$$

$$R_{31}I_{28} = R_{25}I_{21} + R_{22}I_{18} + R_{21}I_{17} + R_{18}I_{13} + R_{14}I_{11} \tag{5-30}$$

式中，U_{nb}为凝结水泵进出口压差；U_{gb}为给水泵进出口压差。

流阻根据其定义式(2-1)计算，数据使用100%THA工况的设计数据，并将流阻大小计算后放大1000倍。

流体网络压力分布数学模型：

$$N_{20} = 0.0049 \tag{5-31}$$

$$N_{15} = N_{20} + U_{nb} - R_{27}/1000 \times I_{23} \tag{5-32}$$

$$N_1 = N_{15} + U_{gb} - R_1/1000 \times I_1 \tag{5-33}$$

$$N_2 = N_1 - R_2/1000 \times I_1 \tag{5-34}$$

$$N_3 = N_2 - R_{28}/1000 \times I_{24} \tag{5-35}$$

$$N_4 = N_3 - R_5/1000 \times I_3 \tag{5-36}$$

$$N_5 = N_4 - R_7/1000 \times I_5 \tag{5-37}$$

$$N_6 = N_5 - R_8/1000 \times I_{27} \tag{5-38}$$

$$N_7 = N_6 - R_{11}/1000 \times I_8 \tag{5-39}$$

$$N_8 = N_7 - R_{14}/1000 \times I_{11} \tag{5-40}$$

$$N_9 = N_8 - R_{18}/1000 \times I_{13} \tag{5-41}$$

$$N_{10} = N_9 - R_{21}/1000 \times I_{17} \tag{5-42}$$

$$N_{11} = N_{10} - R_{22}/1000 \times I_{18} \tag{5-43}$$

$$N_{12} = N_3 - R_3 / 1000 \times I_2 \tag{5-44}$$

$$N_{13} = N_{12} - R_4 / 1000 \times I_{30} \tag{5-45}$$

$$N_{14} = N_{13} - R_9 / 1000 \times I_6 \tag{5-46}$$

$$N_{16} = N_8 - R_{15} / 1000 \times I_{12} \tag{5-47}$$

$$N_{17} = N_{16} - R_{16} / 1000 \times I_{12} \tag{5-48}$$

$$N_{18} = N_{17} - R_{19} / 1000 \times I_{15} \tag{5-49}$$

$$N_{19} = N_{18} - R_{24} / 1000 \times I_{20} \tag{5-50}$$

$$N_{21} = N_2 - R_{32} / 1000 \times I_{29} \tag{5-51}$$

5.1.3 焓值分布模型

（1）主蒸汽焓值 $h_z = h_g + \Delta h_g$。其中，h_g 为给水焓；Δh_g 为锅炉将给水加热为过热蒸汽所输入的热量。

（2）第 0 段抽汽焓 $h_0 = h_z \times \eta_{11}$，其中，$\eta_{11} = \eta_1 - \eta_{12}$。

（3）第 1 段抽汽焓 $h_1 = h_0 \times \eta_{12}$。

（4）第 2 段抽汽焓 $h_2 = h_1 \times \eta_2$。

（5）第 3 段抽汽焓 $h_3 = h_2 \times \eta_3$。

（6）第 4 段抽汽焓 $h_4 = h_3 \times \eta_4$。

（7）第 5 段抽汽焓 $h_5 = h_4 \times \eta_5$。

（8）第 6 段抽汽焓 $h_6 = h_5 \times \eta_6$。

（9）第 7 段抽汽焓 $h_7 = h_6 \times \eta_7$。

（10）第 8 段抽汽焓 $h_8 = h_7 \times \eta_8$。

（11）排汽焓 $h_p = h_8 \times \eta_9$。

（12）低 加 回 热 量 $Q_{dj} = D_{c_5} \times (h_5 - h_{ds}) + D_{c_6} \times (h_6 - h_{ds}) + D_{c_7} \times (h_7 - h_{ds}) + D_{c_8} \times (h_8 - h_{ds})$。其中，$D_{c_5}$ 为第五段抽汽流量；D_{c_6} 为第六段抽汽流量，D_{c_7} 为第七段抽汽流量；D_{c_8} 为第八段抽汽流量；h_{ds} 为 8 号低加疏水焓。

（13）四抽回热量 $Q_4 = D_{c_4} \times h_4$。

（14）高加回热量 $Q_{gj} = D_{c_0} \times h_0 + D_{c_1} \times h_1 + D_{c_2} \times h_2 + D_{c_3} \times h_3$。其中，$D_{c_0}$ 为第 0 段抽汽流量；D_{c_1} 为第 1 段抽汽流量；D_{c_2} 为第 2 段抽汽流量；D_{c_3} 为第 3 段抽汽流量。

(15)给水泵输入热量 $Q_b = D_{gs} \times \Delta h_b$。其中，$D_{gs}$ 为给水流量；Δh_b 为单位质量流量的给水经过给水泵后增加的焓值。

(16)高加出口给水焓 $h_g = \dfrac{h_{nj} \times D_{nj} + Q_{dj} + Q_4 + Q_{gj} + Q_b}{D}$。其中，$h_{nj}$ 为凝结水泵出口单位质量流量工质的焓；D_{nj} 为凝结水流量。

5.2　计算结果及分析

5.2.1　100%THA 工况计算结果

100%THA 工况流阻值如表 5-1 所示。

表 5-1　100%THA 工况流阻值　　（单位：$10^{-3} \cdot \text{MPa} \cdot \text{s/kg}$）

流阻	数值	流阻	数值	流阻	数值
R_1	12.492	R_{12}	23.254	R_{23}	0.166
R_2	24.043	R_{13}	5.821	R_{24}	1.326
R_3	11.222	R_{14}	1.655	R_{25}	0.121
R_4	110.429	R_{15}	2.297	R_{26}	0.445
R_5	7.663	R_{16}	26.711	R_{27}	5.378
R_6	5.762	R_{17}	0.959	R_{28}	42.892
R_7	1.807	R_{18}	1.731	R_{29}	2528.716
R_8	7.022	R_{19}	6.072	R_{30}	3222.679
R_9	53.041	R_{20}	0.462	R_{31}	64.864
R_{10}	4.342	R_{21}	0.834	R_{32}	1152.000
R_{11}	5.547	R_{22}	0.262	R_{33}	2160.000

100%THA 工况热力系统质量流量分布如表 5-2 所示。

表 5-2　100%THA 工况热力系统质量流量分布

质量流量	改造前计算值 /(kg/s)	改造后计算值 /(kg/s)	（改造后−改造前)/改造前 ×100/%
I_1	276.31	277.78	0.53
I_2	16.77	13.68	−18.43
I_3	249.98	251.13	0.46
I_4	21.54	21.39	−0.70
I_5	233.73	234.99	0.54
I_6	38.30	38.54	0.63
I_7	14.27	14.43	1.12

续表

质量流量	改造前计算值 /(kg/s)	改造后计算值 /(kg/s)	（改造后−改造前）/改造前 ×100/%
I_8	223.74	224.82	0.48
I_9	52.57	52.96	0.74
I_{10}	7.43	8.09	8.88
I_{11}	202.75	203.13	0.19
I_{12}	11.78	11.80	0.17
I_{13}	190.97	191.33	0.19
I_{14}	11.65	11.67	0.17
I_{15}	23.43	23.47	0.17
I_{16}	8.51	8.53	0.24
I_{17}	179.32	179.66	0.19
I_{18}	170.81	171.13	0.19
I_{19}	8.86	8.87	0.11
I_{20}	31.94	32.00	0.19
I_{21}	161.95	162.26	0.19
I_{22}	40.79	40.87	0.20
I_{23}	216.31	216.73	0.19
I_{24}	266.75	264.80	-0.73
I_{25}	5.28	5.25	-0.57
I_{26}	4.28	4.25	-0.70
I_{27}	238.01	239.24	0.52
I_{28}	13.57	13.59	0.15
I_{29}		3.48	
I_{30}	16.77	17.15	2.27

100%THA 工况热力系统节点压力分布如表 5-3 所示。

表 5-3　100%THA 工况热力系统节点压力分布

节点	改造前计算值 /MPa	改造后计算值 /MPa	（改造后−改造前）/改造前 ×100/%
N_1	24.2199	24.1993	-0.09
N_2	17.5767	17.5206	-0.32
N_3	6.1353	6.1627	0.45
N_4	4.2197	4.2384	0.44
N_5	3.7974	3.8137	0.43

节点	改造前计算值 /MPa	改造后计算值 /MPa	(改造后−改造前)/改造前 ×100/%
N_6	2.1260	2.1336	0.36
N_7	0.8848	0.8865	0.19
N_8	0.5493	0.5503	0.18
N_9	0.2188	0.2192	0.18
N_{10}	0.0693	0.0695	0.29
N_{11}	0.0245	0.0245	0.00
N_{12}	5.9471	6.0092	1.04
N_{13}	4.0956	4.1151	0.48
N_{14}	2.0640	2.0710	0.34
N_{15}	0.8416	0.8394	−0.26
N_{16}	0.5223	0.5232	0.17
N_{17}	0.2077	0.2080	0.14
N_{18}	0.0654	0.0655	0.15
N_{19}	0.0230	0.0231	0.43
N_{20}	0.0049	0.0049	0.00
N_{21}		13.5166	

100%THA 工况热力系统增加 0 号高加前后汽轮机各段级段功率的对比如表 5-4 所示。

表 5-4　100%THA 工况热力系统增加 0 号高加前后汽轮机各段级段功率的对比

汽轮机各段级段功率	改造前计算值 /kW	改造后计算值 /kW	(改造后−改造前)/改造前 ×100/%
第一级段(主汽至一抽)	82327.59	83663.57	1.62
第二级段(一抽至二抽)	20495.63	20608.22	0.55
第三级段(再热至三抽)	43228.09	43330.22	0.24
第四级段(三抽至四抽)	55797.12	55905.31	0.19
第五级段(四抽至五抽)	23614.58	23597.68	−0.07
第六级段(五抽至六抽)	37126.94	37097.73	−0.08
第七级段(六抽至七抽)	36494.22	36463.48	−0.08
第八级段(七抽至八抽)	25429.26	25413.54	−0.06
第九级段(八抽至排汽)	26710.87	26702.58	−0.03
汽轮机功率	351224.30	352782.30	0.44

100%THA 工况热力系统增加 0 号高加前后各抽汽点焓值对比如表 5-5 所示。

表 5-5　100%THA 工况热力系统增加 0 号高加前后各抽汽点焓值的对比

工质的焓	改造前计算值 /(kJ/kg)	改造后计算值 /(kJ/kg)	(改造后−改造前)/改造前 ×100/%
主蒸汽的焓	3398.19	3393.37	−0.14
0 抽蒸汽的焓		3272.80	
一抽蒸汽的焓	3089.57	3083.33	−0.20
二抽蒸汽的焓	3007.59	3001.27	−0.21
再热蒸汽的焓	3599.07	3589.69	−0.26
三抽蒸汽的焓	3417.45	3408.58	−0.26
四抽蒸汽的焓	3168.08	3159.91	−0.26
五抽蒸汽的焓	3051.61	3043.74	−0.26
六抽蒸汽的焓	2857.21	2849.85	−0.26
七抽蒸汽的焓	2653.70	2646.89	−0.26
八抽蒸汽的焓	2504.83	2498.39	−0.26
排汽的焓	2339.91	2333.83	−0.26
给水的焓	1216.85	1223.62	0.56

100%THA 工况热力系统增加 0 号高加前后各段抽汽及再热循环有效度的对比如表 5-6 所示。

表 5-6　100%THA 工况热力系统增加 0 号高加前后各段抽汽及再热循环有效度的对比

工质的循环有效度	改造前计算值	改造后计算值	(改造后−改造前)/改造前 ×100/%
再热循环有效度	1.1208	1.2148	8.38
0 抽有效度		1.0866	
一抽有效度	1.2781	1.1771	−7.90
二抽有效度	1.3952	1.2850	−7.90
三抽有效度	1.1073	1.1072	−0.01
四抽有效度	1.3312	1.3311	−0.01
五抽有效度	1.4895	1.4894	−0.01
六抽有效度	1.9126	1.9123	−0.02
七抽有效度	2.9172	2.9163	−0.03
八抽有效度	5.2222	5.2198	−0.05

5.2.2　75%THA 工况计算结果

75%THA 工况流阻值如表 5-7 所示。

表 5-7　75%THA 工况流阻值　　（单位：$10^{-3} \cdot \text{MPa} \cdot \text{s/kg}$）

流阻	数值	流阻	数值	流阻	数值
R_1	8.568	R_{12}	26.440	R_{23}	0.132
R_2	31.114	R_{13}	6.289	R_{24}	1.408
R_3	12.489	R_{14}	1.656	R_{25}	0.111
R_4	131.568	R_{15}	2.606	R_{26}	0.480
R_5	7.783	R_{16}	29.535	R_{27}	8.517
R_6	6.640	R_{17}	0.991	R_{28}	43.312
R_7	1.814	R_{18}	1.742	R_{29}	3036.549
R_8	7.005	R_{19}	6.697	R_{30}	3133.460
R_9	61.998	R_{20}	0.510	R_{31}	81.668
R_{10}	5.384	R_{21}	0.831	R_{32}	1152.000
R_{11}	5.522	R_{22}	0.256	R_{33}	2160.000

75%THA 工况热力系统质量流量分布如表 5-8 所示。

表 5-8　75%THA 工况热力系统质量流量分布

质量流量	改造前计算值 /(kg/s)	改造后计算值 /(kg/s)	（改造后–改造前)/改造前 ×100/%
I_1	199.64	200.68	0.52
I_2	10.50	8.23	−21.62
I_3	182.69	183.51	0.45
I_4	13.72	13.61	−0.80
I_5	172.19	173.10	0.53
I_6	24.23	24.38	0.62
I_7	9.65	9.77	1.24
I_8	165.76	166.54	0.47
I_9	33.88	34.14	0.77
I_{10}	5.15	5.67	10.10
I_{11}	152.47	152.71	0.16
I_{12}	8.08	8.09	0.12
I_{13}	144.39	144.63	0.17

质量流量	改造前计算值 /(kg/s)	改造后计算值 /(kg/s)	(改造后–改造前)/改造前 ×100/%
I_{14}	8.09	8.10	0.12
I_{15}	16.16	16.19	0.19
I_{16}	5.90	5.91	0.17
I_{17}	136.31	136.53	0.16
I_{18}	130.41	130.62	0.16
I_{19}	5.30	5.31	0.19
I_{20}	22.06	22.10	0.18
I_{21}	125.11	125.31	0.16
I_{22}	27.36	27.41	0.18
I_{23}	160.61	160.86	0.16
I_{24}	193.19	191.73	−0.76
I_{25}	3.22	3.21	−0.31
I_{26}	3.22	3.21	−0.31
I_{27}	175.41	176.30	0.31
I_{28}	8.14	8.15	0.12
I_{29}	0.00	2.54	
I_{30}	10.50	10.76	2.48

75%THA 工况热力系统节点压力分布如表 5-9 所示。

表 5-9　75%THA 工况热力系统节点压力分布

节点	改造前计算值 /MPa	改造后计算值 /MPa	(改造后–改造前)/改造前 ×100/%
N_1	19.1265	19.1154	−0.06
N_2	12.9151	12.8715	−0.34
N_3	4.5478	4.5674	0.43
N_4	3.1259	3.1391	0.42
N_5	2.8134	2.8251	0.42
N_6	1.5848	1.5901	0.33
N_7	0.6694	0.6705	0.16
N_8	0.4169	0.4175	0.14
N_9	0.1653	0.1656	0.18

节 点	改造前计算值 /MPa	改造后计算值 /MPa	(改造后−改造前)/改造前 ×100/%
N_{10}	0.0521	0.0522	0.19
N_{11}	0.0187	0.0188	0.53
N_{12}	4.4166	4.4647	1.09
N_{13}	3.0347	3.0487	0.46
N_{14}	1.5328	1.5375	0.31
N_{15}	0.6370	0.6348	−0.35
N_{16}	0.3958	0.3965	0.18
N_{17}	0.1573	0.1576	0.19
N_{18}	0.0491	0.0492	0.20
N_{19}	0.0180	0.0180	0.00
N_{20}	0.0049	0.0049	0.00
N_{21}		9.9474	

75%THA 工况热力系统增加 0 号高加前后汽轮机功率及循环热效率对比如表 5-10 所示。

表 5-10　75%THA 工况热力系统增加 0 号高加前后汽轮机功率及循环热效率的对比

汽轮机功率	改造前计算值 /kW	改造后计算值 /kW	(改造后−改造前)/改造前 ×100/%
第一级段(主汽至一抽)	66302.60	66947.47	0.97
第二级段(一抽至二抽)	14513.88	14556.06	0.29
第三级段(再热至三抽)	31687.38	31807.30	0.38
第四级段(三抽至四抽)	41025.78	41167.86	0.35
第五级段(四抽至五抽)	17667.82	17669.84	0.01
第六级段(五抽至六抽)	28159.44	28162.13	0.01
第七级段(六抽至七抽)	28126.16	28126.89	0.00
第八级段(七抽至八抽)	19134.59	19137.63	0.02
第九级段(八抽至排汽)	19052.87	19068.55	0.08
汽轮机功率	265670.50	266643.70	0.37

75%THA 工况热力系统增加 0 号高加前后各抽汽点焓值的对比如表 5-11 所示。

表 5-11　75%THA 工况热力系统增加 0 号高加前后各抽汽点焓值的对比

工质的焓	改造前计算值 /(kJ/kg)	改造后计算值 /(kJ/kg)	(改造后-改造前)/改造前 ×100/%
主蒸汽的焓	3442.20	3439.37	-0.08
0 抽蒸汽的焓		3306.00	
一抽蒸汽的焓	3099.00	3096.42	-0.08
二抽蒸汽的焓	3019.55	3017.10	-0.08
再热蒸汽的焓	3589.78	3584.45	-0.15
三抽蒸汽的焓	3409.14	3404.03	-0.15
四抽蒸汽的焓	3161.63	3156.83	-0.15
五抽蒸汽的焓	3045.76	3041.13	-0.15
六抽蒸汽的焓	2850.74	2846.41	-0.15
七抽蒸汽的焓	2644.40	2640.39	-0.15
八抽蒸汽的焓	2497.67	2493.88	-0.15
排汽的焓	2345.38	2341.71	-0.16
给水的焓	1119.39	1128.60	0.82

　　75%THA 工况热力系统增加 0 号高加前后各段抽汽及再热循环有效度的对比如表 5-12 所示。

表 5-12　75%THA 工况热力系统增加 0 号高加前后各段抽汽及再热循环有效度的对比

工质的循环有效度	改造前计算值	改造后计算值	(改造后-改造前)/改造前 ×100/%
再热循环有效度	1.0861	1.1847	9.08
0 抽有效度		1.0923	
一抽有效度	1.3043	1.1932	-8.52
二抽有效度	1.4189	1.2976	-8.55
三抽有效度	1.1086	1.1086	0.00
四抽有效度	1.3355	1.3355	0.00
五抽有效度	1.4969	1.4968	-0.01
六抽有效度	1.9355	1.9353	-0.01
七抽有效度	3.0224	3.0216	-0.03
八抽有效度	5.5872	5.5838	-0.06

5.2.3　50%THA 工况计算结果

　　50%THA 工况流阻值如表 5-13 所示。

表 5-13　50%THA 工况流阻值　　　（单位：$10^{-3} \cdot$ MPa $\cdot$ s/kg）

流阻	数值	流阻	数值	流阻	数值
R_1	8.244	R_{12}	30.660	R_{23}	0.085
R_2	29.856	R_{13}	7.011	R_{24}	1.520
R_3	15.535	R_{14}	1.657	R_{25}	0.093
R_4	160.413	R_{15}	2.811	R_{26}	0.501
R_5	7.933	R_{16}	33.129	R_{27}	14.354
R_6	8.164	R_{17}	0.975	R_{28}	44.002
R_7	1.815	R_{18}	1.740	R_{29}	2401200.000
R_8	6.938	R_{19}	7.519	R_{30}	3131.226
R_9	73.320	R_{20}	0.540	R_{31}	124.184
R_{10}	5.902	R_{21}	0.833	R_{32}	1152.000
R_{11}	5.466	R_{22}	0.250	R_{33}	2160.000

50%THA 工况热力系统质量流量分布如表 5-14 所示。

表 5-14　50%THA 工况热力系统质量流量分布

质量流量	改造前计算值 /(kg/s)	改造后计算值 /(kg/s)	（改造后–改造前)/改造前 ×100/%
I_1	131.98	132.71	0.55
I_2	5.94	4.39	−26.19
I_3	123.83	124.39	0.45
I_4	7.74	7.66	−1.03
I_5	116.09	116.74	0.56
I_6	13.69	13.78	0.66
I_7	5.96	6.04	1.34
I_8	112.33	112.89	0.50
I_9	19.65	19.82	0.87
I_{10}	3.36	3.76	11.90
I_{11}	105.28	105.43	0.14
I_{12}	4.99	5.00	0.20
I_{13}	100.28	100.42	0.14
I_{14}	5.14	5.15	0.19
I_{15}	10.14	10.15	0.10
I_{16}	3.72	3.72	0.00
I_{17}	95.14	95.28	0.15
I_{18}	91.43	91.55	0.13
I_{19}	2.37	2.37	0.00
I_{20}	13.85	13.87	0.15
I_{21}	89.06	89.18	0.13

续表

质量流量	改造前计算值 /(kg/s)	改造后计算值 /(kg/s)	(改造后−改造前)/改造前 ×100/%
I_{22}	16.22	16.24	0.12
I_{23}	108.98	109.13	0.14
I_{24}	129.77	128.78	−0.76
I_{25}	0.00	0.00	
I_{26}	2.20	2.19	−0.45
I_{27}	118.29	118.93	0.54
I_{28}	3.70	3.70	0.00
I_{29}	0.00	1.73	
I_{30}	5.94	6.12	3.03

50%THA 工况热力系统节点压力分布如表 5-15 所示。

表 5-15　50%THA 工况热力系统节点压力分布

节点	改造前计算值 /MPa	改造后计算值 /MPa	(改造后−改造前)/改造前 ×100/%
N_1	12.7427	12.7345	−0.06
N_2	8.8022	8.7723	−0.34
N_3	3.0920	3.1058	0.45
N_4	2.1097	2.1190	0.44
N_5	1.8990	1.9071	0.43
N_6	1.0783	1.0819	0.33
N_7	0.4642	0.4649	0.15
N_8	0.2898	0.2902	0.14
N_9	0.1153	0.1155	0.17
N_{10}	0.0361	0.0361	0.00
N_{11}	0.0132	0.0132	0.00
N_{12}	2.9997	3.0376	1.26
N_{13}	2.0465	2.0564	0.48
N_{14}	1.0431	1.0462	0.30
N_{15}	0.4407	0.4385	−0.50
N_{16}	0.2757	0.2761	0.15
N_{17}	0.1103	0.1104	0.09
N_{18}	0.0341	0.0341	0.00
N_{19}	0.0130	0.0130	0.00
N_{20}	0.0049	0.0049	0.00
N_{21}		6.7777	

50%THA 工况热力系统增加 0 号高加前后汽轮机功率及循环热效率的对比如表 5-16 所示。

表 5-16　50%THA 工况热力系统增加 0 号高加前后汽轮机功率及循环热效率的对比

汽轮机功率	改造前计算值/kW	改造后计算值/kW	(改造后−改造前)/改造前×100/%
第一级段(主汽至一抽)	45273.51	45437.95	0.36
第二级段(一抽至二抽)	10745.17	10779.96	0.32
第三级段(再热至三抽)	20895.77	20985.09	0.43
第四级段(三抽至四抽)	27023.37	27127.36	0.38
第五级段(四抽至五抽)	12061.82	12061.76	0.00
第六级段(五抽至六抽)	19448.98	19448.21	0.00
第七级段(六抽至七抽)	19775.08	19773.86	−0.01
第八级段(七抽至八抽)	13228.62	13228.31	0.00
第九级段(八抽至排汽)	10490.05	10505.66	0.15
汽轮机功率	178942.40	179348.20	0.23

50%THA 工况热力系统增加 0 号高加前后各抽汽点焓值的对比如表 5-17 所示。

表 5-17　50%THA 工况热力系统增加 0 号高加前后各抽汽点焓值的对比

工质的焓	改造前计算值/(kJ/kg)	改造后计算值/(kJ/kg)	(改造后−改造前)/改造前×100/%
主蒸汽的焓	3505.90	3503.24	−0.08
0 抽蒸汽的焓		3367.64	
一抽蒸汽的焓	3157.03	3154.54	−0.08
二抽蒸汽的焓	3070.26	3067.88	−0.08
再热蒸汽的焓	3585.98	3580.85	−0.14
三抽蒸汽的焓	3409.34	3404.40	−0.14
四抽蒸汽的焓	3168.78	3164.09	−0.15
五抽蒸汽的焓	3054.20	3049.68	−0.15
六抽蒸汽的焓	2860.26	2856.02	−0.15
七抽蒸汽的焓	2652.41	2648.47	−0.15
八抽蒸汽的焓	2507.72	2503.98	−0.15
排汽的焓	2389.93	2386.19	−0.16
给水的焓	1018.42	1029.40	1.08

50%THA 工况热力系统增加 0 号高加前后各段抽汽及再热循环有效度的对比如表 5-18 所示。

表 5-18　50%THA 工况热力系统增加 0 号高加前后各段抽汽及再热循环有效度的对比

工质的循环有效度	改造前计算值	改造后计算值	(改造后−改造前)/改造前×100/%
再热循环有效度	1.0469	1.1419	9.07
0 抽有效度		1.0923	
一抽有效度	1.3042	1.1931	−8.52
二抽有效度	1.4283	1.3062	−8.55
三抽有效度	1.1132	1.1132	0
四抽有效度	1.3500	1.3499	0.01
五抽有效度	1.5230	1.5229	−0.01
六抽有效度	2.0080	2.0077	−0.01
七抽有效度	3.3236	3.3219	−0.05
八抽有效度	6.9804	6.9710	−0.13

5.2.4　40%THA 工况计算结果

40%THA 工况流阻值如表 5-19 所示。

表 5-19　40%THA 工况流阻值　　　（单位：$10^{-3} \cdot$ MPa $\cdot$ s/kg）

流阻	数值	流阻	数值	流阻	数值
R_1	5.148	R_{12}	32.776	R_{23}	0.640
R_2	28.381	R_{13}	7.363	R_{24}	1.651
R_3	15.886	R_{14}	1.653	R_{25}	0.081
R_4	176.756	R_{15}	3.073	R_{26}	0.414
R_5	8.084	R_{16}	34.822	R_{27}	18.402
R_6	8.814	R_{17}	1.230	R_{28}	44.399
R_7	1.811	R_{18}	1.731	R_{29}	1964520.000
R_8	6.880	R_{19}	7.782	R_{30}	3093.252
R_9	78.982	R_{20}	0.579	R_{31}	150.607
R_{10}	6.043	R_{21}	0.831	R_{32}	1152.000
R_{11}	5.426	R_{22}	0.249	R_{33}	2160.000

40%THA 工况热力系统质量流量分布如表 5-20 所示。

表 5-20　40%THA 工况热力系统质量流量分布

质量流量	改造前计算值 /(kg/s)	改造后计算值 /(kg/s)	(改造后−改造前)/改造前 ×100/%
I_1	106.73	107.35	0.58
I_2	4.48	3.20	−28.57
I_3	100.42	100.92	0.50
I_4	5.80	5.74	−1.03
I_5	94.63	95.18	0.58
I_6	10.28	10.35	0.68
I_7	4.64	4.72	1.72
I_8	91.81	92.28	0.51
I_9	14.92	15.07	1.01
I_{10}	2.58	2.94	13.95
I_{11}	86.72	86.84	0.14
I_{12}	3.91	3.92	0.26
I_{13}	82.81	82.92	0.13
I_{14}	4.07	4.08	0.25
I_{15}	7.99	8.00	0.13
I_{16}	2.94	2.95	0.34
I_{17}	78.74	78.84	0.13
I_{18}	75.80	75.89	0.12
I_{19}	1.41	1.41	0.00
I_{20}	10.93	10.94	0.09
I_{21}	74.39	74.48	0.12
I_{22}	12.34	12.36	0.16
I_{23}	89.23	89.34	0.12
I_{24}	104.90	104.12	−0.74
I_{25}	0.00	0.00	
I_{26}	1.82	1.81	−0.55
I_{27}	96.45	97.00	0.57
I_{28}	2.50	2.51	0.40
I_{29}	0.00	1.41	
I_{30}	4.48	4.61	2.90

40%THA 工况热力系统节点压力分布如表 5-21 所示。

表 5-21　40%THA 工况热力系统节点压力分布

节点	改造前计算值 /MPa	改造后计算值 /MPa	(改造后−改造前)/改造前 ×100/%
N_1	10.2135	10.2081	−0.05
N_2	7.1844	7.1615	−0.32
N_3	2.5268	2.5387	0.47
N_4	1.7150	1.7228	0.45
N_5	1.5436	1.5504	0.44
N_6	0.8801	0.8831	0.34
N_7	0.3819	0.3824	0.13
N_8	0.2386	0.2389	0.13
N_9	0.0952	0.0953	0.11
N_{10}	0.0298	0.0298	0.00
N_{11}	0.0109	0.0109	0.00
N_{12}	2.4557	2.4878	1.31
N_{13}	1.6639	1.6722	0.50
N_{14}	0.8520	0.8546	0.31
N_{15}	0.3629	0.3608	−0.58
N_{16}	0.2265	0.2268	0.13
N_{17}	0.0902	0.0903	0.11
N_{18}	0.0281	0.0281	0.00
N_{19}	0.0100	0.0100	0.00
N_{20}	0.0049	0.0049	0.00
N_{21}		5.5359	

40%THA 工况热力系统增加 0 号高加前后汽轮机功率及循环热效率对比如表 5-22 所示。

表 5-22　40%THA 工况热力系统增加 0 号高加前后汽轮机功率及循环热效率的对比

汽轮机功率	改造前计算值 /kW	改造后计算值 /kW	(改造后−改造前)/改造前 ×100/%
第一级段(主汽至一抽)	37370.72	37537.56	0.45
第二级段(一抽至二抽)	8874.72	8909.63	0.39
第三级段(再热至三抽)	16649.33	16724.32	0.45
第四级段(三抽至四抽)	21546.48	21632.39	0.40
第五级段(四抽至五抽)	9745.73	9743.84	−0.02
第六级段(五抽至六抽)	15783.39	15780.24	−0.02
第七级段(六抽至七抽)	16156.46	16153.21	−0.02
第八级段(七抽至八抽)	10764.10	10762.23	−0.02
第九级段(八抽至排汽)	6789.28	6802.20	0.19
汽轮机功率	143680.20	144045.60	0.25

40%THA 工况热力系统增加 0 号高加前后各抽汽点焓值的对比如表 5-23 所示。

表 5-23　40%THA 工况热力系统增加 0 号高加前后各抽汽点焓值的对比

工质的焓	改造前计算值 /(kJ/kg)	改造后计算值 /(kJ/kg)	(改造后–改造前)/改造前 ×100/%
主蒸汽的焓	3528.30	3525.46	−0.08
0 抽蒸汽的焓		3386.93	
一抽蒸汽的焓	3172.06	3169.23	−0.09
二抽蒸汽的焓	3083.68	3080.94	−0.09
再热蒸汽的焓	3549.02	3543.66	−0.15
三抽蒸汽的焓	3376.40	3371.23	−0.15
四抽蒸汽的焓	3141.71	3136.81	−0.16
五抽蒸汽的焓	3029.33	3024.61	−0.16
六抽蒸汽的焓	2838.73	2834.29	−0.16
七抽蒸汽的焓	2633.54	2629.41	−0.16
八抽蒸汽的焓	2491.52	2487.60	−0.16
排汽的焓	2400.25	2396.28	−0.17
给水的焓	963.43	975.32	1.23

40%THA 工况热力系统增加 0 号高加前后各段抽汽及再热循环有效度的对比如表 5-24 所示。

表 5-24　40%THA 工况热力系统增加 0 号高加前后各段抽汽及再热循环有效度的对比

工质的循环有效度	改造前计算值	改造后计算值	(改造后–改造前)/改造前×100/%
再热循环有效度	1.0122	1.1049	9.16
0 抽有效度		1.0933	
一抽有效度	1.3081	1.1958	−8.58
二抽有效度	1.4342	1.3107	−8.61
三抽有效度	1.1173	1.1173	0.00
四抽有效度	1.3644	1.3644	0.00
五抽有效度	1.5480	1.5479	−0.01
六抽有效度	2.0746	2.0742	−0.02
七抽有效度	3.6033	3.6011	−0.06
八抽有效度	8.6862	8.6698	−0.19

5.2.5　30%THA 工况计算结果

30%THA 工况流阻值如表 5-25 所示。

表 5-25　30%THA 工况流阻值　　　（单位：$10^{-3} \cdot$ MPa $\cdot$ s/kg）

流阻	数值	流阻	数值	流阻	数值
R_1	2.052	R_{12}	36.028	R_{23}	6.528
R_2	42.948	R_{13}	7.390	R_{24}	2.115
R_3	17.679	R_{14}	1.642	R_{25}	0.062
R_4	192.857	R_{15}	3.155	R_{26}	0.012
R_5	7.982	R_{16}	36.806	R_{27}	24.994
R_6	10.516	R_{17}	1.330	R_{28}	43.931
R_7	1.819	R_{18}	1.715	R_{29}	741060.000
R_8	6.833	R_{19}	8.186	R_{30}	2941.615
R_9	84.722	R_{20}	0.460	R_{31}	159.381
R_{10}	4.481	R_{21}	0.834	R_{32}	1152.000
R_{11}	5.388	R_{22}	0.246	R_{33}	2160.000

30%THA 工况热力系统质量流量分布如表 5-26 所示。

表 5-26　30%THA 工况热力系统质量流量分布

质量流量	改造前计算值 /(kg/s)	改造后计算值 /(kg/s)	(改造后−改造前)/改造前 ×100/%
I_1	81.46	81.88	0.52
I_2	3.12	2.16	−30.77
I_3	76.89	77.21	0.42
I_4	4.10	4.05	−1.22
I_5	72.79	73.17	0.52
I_6	7.22	7.27	0.69
I_7	3.36	3.40	1.19
I_8	70.89	71.21	0.45
I_9	10.57	10.67	0.95
I_{10}	1.90	2.16	13.68
I_{11}	67.17	67.23	0.09
I_{12}	2.86	2.86	0.00
I_{13}	64.31	64.37	0.09
I_{14}	3.02	3.02	0.00
I_{15}	5.88	5.88	0.00
I_{16}	2.18	2.18	0.00
I_{17}	61.29	61.35	0.10
I_{18}	59.11	59.17	0.10
I_{19}	0.54	0.54	0.00
I_{20}	8.06	8.06	0.00
I_{21}	58.57	58.63	0.10

质量流量	改造前计算值 /(kg/s)	改造后计算值 /(kg/s)	(改造后–改造前)/改造前 ×100/%
I_{22}	8.59	8.60	0.12
I_{23}	68.99	69.05	0.09
I_{24}	80.01	79.37	−0.80
I_{25}	0.01	0.01	−0.00
I_{26}	1.45	1.44	−0.69
I_{27}	74.24	74.61	0.50
I_{28}	1.82	1.82	0.00
I_{29}	0.00	1.06	
I_{30}	3.12	3.22	3.21

30%THA 工况热力系统节点压力分布如表 5-27 所示。

表 5-27　30%THA 工况热力系统节点压力分布

节点	改造前计算值 /MPa	改造后计算值 /MPa	(改造后–改造前)/改造前 ×100/%
N_1	8.9435	8.9410	−0.03
N_2	5.4449	5.4246	−0.37
N_3	1.9301	1.9379	0.40
N_4	1.3163	1.3216	0.40
N_5	1.1840	1.1885	0.38
N_6	0.6767	0.6787	0.30
N_7	0.2947	0.2950	0.10
N_8	0.1844	0.1846	0.11
N_9	0.0742	0.0742	0.00
N_{10}	0.0230	0.0231	0.43
N_{11}	0.0085	0.0085	0.00
N_{12}	1.8749	1.8998	1.33
N_{13}	1.2732	1.2790	0.46
N_{14}	0.6616	0.6634	0.27
N_{15}	0.2807	0.2790	−0.61
N_{16}	0.1754	0.1756	0.11
N_{17}	0.0702	0.0702	0.00
N_{18}	0.0220	0.0221	0.45
N_{19}	0.0050	0.0050	0.00
N_{20}	0.0049	0.0049	0.00
N_{21}		4.1986	

30%THA 工况热力系统增加 0 号高加前后汽轮机功率及循环热效率的对比如表 5-28 所示。

表 5-28　30%THA 工况热力系统增加 0 号高加前后汽轮机功率及循环热效率的对比

汽轮机功率	改造前计算值 /kW	改造后计算值 /kW	(改造后−改造前)/改造前 ×100/%
第一级段(主汽至一抽)	29496.83	29646.21	0.51
第二级段(一抽至二抽)	6692.79	6719.65	0.40
第三级段(再热至三抽)	12546.38	12597.71	0.41
第四级段(三抽至四抽)	16277.13	16336.31	0.36
第五级段(四抽至五抽)	7399.81	7398.49	−0.02
第六级段(五抽至六抽)	12039.55	12037.10	−0.02
第七级段(六抽至七抽)	12399.98	12397.62	−0.02
第八级段(七抽至八抽)	8243.46	8241.87	−0.02
第九级段(八抽至排汽)	3135.31	3143.65	0.27
汽轮机功率	108231.20	108518.60	0.27

30%THA 工况热力系统增加 0 号高加前后各抽汽点焓值的对比如表 5-29 所示。

表 5-29　30%THA 工况热力系统增加 0 号高加前后各抽汽点焓值的对比

工质的焓	改造前计算值 /(kJ/kg)	改造后计算值 /(kJ/kg)	(改造后−改造前)/改造前 ×100/%
主蒸汽的焓	3521.90	3520.45	−0.04
0 抽蒸汽的焓		3376.95	
一抽蒸汽的焓	3153.22	3151.46	−0.06
二抽蒸汽的焓	3066.18	3064.43	−0.06
再热蒸汽的焓	3528.21	3524.18	−0.11
三抽蒸汽的焓	3359.22	3355.34	−0.12
四抽蒸汽的焓	3129.60	3125.92	−0.12
五抽蒸汽的焓	3019.43	3015.88	−0.12
六抽蒸汽的焓	2832.21	2828.87	−0.12
七抽蒸汽的焓	2629.90	2626.78	−0.12
八抽蒸汽的焓	2490.44	2487.48	−0.12
排汽的焓	2436.91	2433.86	−0.13
给水的焓	901.60	913.44	1.31

30%THA 工况热力系统增加 0 号高加前后各段抽汽及再热循环有效度的对比如表 5-30 所示。

表 5-30　30%THA 工况热力系统增加 0 号高加前后各段抽汽及再热循环有效度的对比

工质的循环有效度	改造前计算值	改造后计算值	(改造后−改造前)/改造前×100/%
再热循环有效度	1.0039	1.1059	10.15
0 抽有效度		1.1033	
一抽有效度	1.3497	1.2228	−9.40
二抽有效度	1.4921	1.3514	−9.43
三抽有效度	1.1243	1.1243	0.00
四抽有效度	1.3903	1.3903	0.00
五抽有效度	1.5924	1.5923	−0.01
六抽有效度	2.1942	2.1938	−0.02
七抽有效度	4.1573	4.1547	−0.06
八抽有效度	14.1500	14.1124	−0.27

5.2.6　计算结果分析

1. 0 段抽汽流阻分析

表 5-1、表 5-7、表 5-13、表 5-19、表 5-25 分别给出了 100%THA、75%THA、50%THA、40%THA 和 30%THA 五个工况的流阻数据，每个工况的流阻数据都新增了 0 段抽汽管道流阻和 0 段抽汽疏水流阻两个数值，这两个流阻是根据预估抽汽流量反推得到的，0 段抽汽的流阻对流体网络各支路的质量流量分布均会产生影响，特别是对一抽的影响最大，若 0 段抽汽的流阻设计不当，会造成热力系统不能正常运行。例如，0 段抽汽流阻设计过小，会造成 0 号高加疏水压力过高，从而导致 1 号高加内压力升高，严重时，1 号高加内压力大于抽汽点压力，一抽逆止门将无法打开，使 1 号高加不能正常运行。

2. 质量流量分布分析

表 5-2、表 5-8、表 5-14、表 5-20、表 5-26 分别给出了 100%THA、75%THA、50%THA、40%THA 和 30%THA 五个工况的质量流量分布计算结果。从五个不同工况的比较可以看出，五个工况的工质质量流量分布具有相似的变化趋势。增加 0 段抽汽后，流体网络整体流阻变小，各工况的主蒸汽流量均有所增大；增加 0 段抽汽后，一抽受到的影响最大，抽汽流量有所降低，其他各段抽汽流量变化较小。

3. 压力分布分析

表 5-3、表 5-9、表 5-15、表 5-21、表 5-27 分别给出了 100%THA、75%THA、

50%THA、40%THA 和 30%THA 五个工况的节点压力分布计算结果。从五个不同工况的比较可以看出，五个工况的压力分布具有相似的变化趋势。增加 0 段抽汽后，流体网络整体流阻变小，主汽压力有所降低，由于 0 号高加疏水压力提高了 1 号和 2 号高加的压力，1 号、2 号高加压力升高，这导致了一抽和二抽流量的下降，3 号高加的压力也有所上升，但由于三抽的压力也有所升高，三抽流量略有上升。其他各段抽汽压力和加热器内压力受 0 高加影响较小，变化不大。

4. 汽轮机各级组功率及循环热效率分析

表 5-4、表 5-10、表 5-16、表 5-22、表 5-28 分别给出了 100%THA、75%THA、50%THA、40%THA 和 30%THA 五个工况的汽轮机功率及循环热效率计算结果。表 5-5、表 5-11、表 5-17、表 5-23、表 5-29 分别给出了 100%THA、75%THA、50%THA、40%THA 和 30%THA 五个工况的汽轮机各抽汽点焓值的计算结果。表 5-31 给出了不同工况热力系统增加 0 号高加前后汽轮机循环热效率的对比结果，从五个不同工况的比较可以看出，五个工况的汽轮机各级段功率具有相似的变化趋势。增加 0 号高加后，汽轮机高中压缸各级段的功率均有所增加，且第一级段增加最大，低压缸各级段功率变化较小。

表 5-31 不同工况热力系统增加 0 号高加前后汽轮机循环热效率的对比

工况	改造前/%	改造后/%	(改造后–改造前)/改造前 ×100/%
100%THA 工况	47.24	47.45	0.44
75%THA 工况	47.13	47.30	0.36
50%THA 工况	45.96	46.07	0.24
40%THA 工况	45.09	45.21	0.27
30%THA 工况	43.68	43.80	0.27

从五个不同工况可以看到，增加 0 号高加后，汽轮机的功率和循环热效率均有所增大，且 100%THA 工况时增大的幅度最大，这说明，增加 0 号高加后，在锅炉输入热量相同时，机组可以输出更大的功率。

5. 有效度分析

表 5-6、表 5-12、表 5-18、表 5-24、表 5-30 分别给出了 100%THA、75%THA、50%THA、40%THA 和 30%THA 五个工况的有效度的计算结果。从五个不同工况可以看到，0 段抽汽的有效度大于 1，说明增加 0 段抽汽，可以提高蒸汽循环的热效率，但 0 段抽汽的有效度低于其他各段抽汽，说明，增加 0 段抽汽对提高整体

循环热效率的效果不如其他段抽汽。从计算结果还可以看出，增加 0 号高加后，一抽、二抽有效度比其他各段抽汽有效度下降明显。

5.3　本章小结

本章应用第 2 章建立的热力系统流体网络模型和第 3 章建立的热力系统焓值分析模型，对目前部分机组提出增加 0 号高加的改造方案，在本书所研究的机组上进行分析计算。从计算结果中可以看出如下几方面。

(1) 抽汽管道及 0 号高加的流阻，对热力系统流体网络影响很大，过大的流阻会使抽汽流量过小或至零，过小的流阻会导致 0 号高加疏水压力升高，1 号高加内压力升高，导致 1 号高加抽汽流量减小或抽汽逆止门动作，抽汽流量至零。

(2) 增加 0 号高加，适当选择抽汽流阻及疏水流阻，在五个不同工况下，都可以提高蒸汽循环热效率。

(3) 本书所研究机组的回热系统并未工作在最佳状态，在不增加 0 号高加，而单纯改变回热系统工作状态的情况下，仍有提高机组循环热效率的余地。

参 考 文 献

[1] 郑体宽. 热力发电厂[M]. 北京: 中国电力出版社, 2000.

[2] 闫顺林. 多元扰动下的热力系统能效分析模型及应用研究[D]. 保定: 华北电力大学, 2011.

[3] 李代智, 周克毅, 徐啸虎, 等. 600MW 火电机组抽汽供热的热经济性分析[J]. 汽轮机技术, 2008, 50(4): 282-284.

[4] 王明春, 胥建群. 50MW 供热机组在线运行优化管理系统[J]. 汽轮机技术, 2004, 46(5): 397-399.

[5] 胥建群, 周克毅. 关于常规热平衡法、等效焓降法整体算法和等效焓降局部简化算法的一致性讨论[J]. 汽轮机技术, 2000, 42(4): 214-217.

[6] 张卫彬, 张春发, 吴仲. 多种分析方法在热经济性分析中的应用[J]. 汽轮机技术, 2008, 50(4): 260-264.

[7] 陈媛媛, 周克毅, 李代智, 等. 等效焓降法在大型机组抽汽供热的热经济性分析中的应用[J]. 汽轮机技术, 2009, 51(6): 410-416.

[8] Vahidi B, Tavakoli M R B, Gawlik W. Determining parameters of turbine's model using heat balance data of steam power unit for educational purposes[J]. IEEE Transactions on Power Systems, 2007, 22(4): 1547-1553.

[9] Penniman A L. Power plant auxiliaries and their relation to heat balance[J]. Transactions of the American Institute of Electrical Engineers, 1924, 43: 230-235.

[10] He X Z, Ma P Y, Tang Z G. A comprehensive heat-equilibrium analysis of swiss-roll combustor and its thermal energy utilization system [J]. Energy and Environment Technology, 2009, 1: 503-506.

[11] Zeng B, Lu X F, Liu H Z. Influence of CFB(circulating fluidized bed) boiler bottom ash heat recovery mode on thermal economy of units[J]. Energy, 2010, 35(9): 3863-3869.

[12] Balli O, Aras H, Hepbasli A. Exergoeconomic analysis of a combined heat and power(CHP) system[J]. International Journal of Energy Research, 2010, 32(4): 273-289.

[13] 任天龙. 等效热降法在空冷 300MW 机组中的应用[J]. 热力透平, 2009, 36(3): 169-170.

[14] Wang Q, Wang P H, Peng X Y. Improving algorithm study on drain heat utilization of regenerative heating system with equivalent enthalpy drop method[J]. Energy and Environment Technology, 2009, 1: 699-702.

[15] Wang Q, Wang P H, Peng X Y. Improving matrix method re-search on the system utilization of the shaft seal steam based on the equivalent enthalpy drop theory[C]. Power and Energy Engineering Conference, Wuhan, 2009: 1-4.

[16] 陈晨. 基于等效热降法电厂经济性分析仿真软件的开发[J]. 热力发电, 2010, 39(4): 87-90.

[17] 李勇, 张斯文, 李慧. 基于改进等效热降法的汽轮机热力系统热经济性诊断方法研究[J]. 汽轮机技术, 2009, 5: 333-337.

[18] Wang L, Zhang R Q, Shen W. Improving study on the impact to the equivalent enthalpy drop model with exhaust enthalpy inaccuracy[C]// Modeling and Si-mulation World Academic Union, Liverpool, 2010: 362-365.

[19] Li Y, Cao L H. Improvements on the equivalent enthalpy drop method and its application in thermal economy diagnosis of thermal system of steam turbine[C]//Challenges of Power Engineering and Environment, Berlin, 2007: 1300-1304.

[20] 江峰, 王培红. 等效焓降与热平衡算法的一致性证明与验证[J]. 汽轮机技术, 2008, 50(4): 261-264.

[21] 张雄, 胥建群. 等效焓降法局部定量法的误差分析[J]. 能源研究与利用, 2002, 2: 27-28.

[22] 郭江龙, 张树芳, 宋之平, 等. 定热量等效热降法的数学基础及其矩阵分析模型[J]. 中国电机工程学报, 2004, 24(3): 211-215.

[23] 肖汉才. 循环函数法与常规热力法异同比较分析[J]. 发电设备, 1999, 1: 31-33.

[24] 闫水保, 王庆丽, 张晓东. 循环函数法、矩阵法与等效焓降法之间的联系[J]. 汽轮机技术, 2009, 4: 249-251.

[25] 刘强, 郭民臣, 柳竹欣, 等. 矩阵在循环函数法中的应用研究[J]. 汽轮机技术, 2006, 48(6): 410-412.

[26] 郭江龙, 张树芳, 陈海平, 等. 循环函数法单元矩阵计算模型及其应用[J]. 热力发电, 2004, 33(2): 17-18.

[27] 江浩, 徐治皋. 循环函数法在供热机组经济性分析中的应用[J]. 热能动力工程, 2002, 17(4): 342-344.

[28] 李磊磊, 王培红. 供热机组分项经济指标的循环函数法计算模型研究[J]. 汽轮机技术, 2002, 44(3): 155-156.

[29] 王培红, 江浩. 供热机组特性分析的循环函数法及其应用[J]. 热能动力工程, 1999, 14(5): 397-399.

[30] 钱进, 王冠伦, 周开贵. 供热机组特性分析的循环函数法及其应用 2028t/h 锅炉减温水循环函数法计算与分析[J]. 热力发电, 2009, 38(3): 34-39.

[31] 齐志广, 何祖威. 汽轮机组热力性能试验计算矩阵分析法[J]. 热力发电, 2007, 36(8): 31-34.

[32] 郭民臣, 王清照. 电厂热力系统矩阵分析法的改进[J]. 热能动力工程, 1997, 12(2): 103-106.

[33] 陈海平, 于立滨. 实际循环热效率矩阵分析法的研究[J]. 中国电力, 1996, 29(1): 8-11.

[34] 陈海平, 张树芳. 火电厂热力系统热力单元矩阵分析法[J]. 动力工程, 1999, 19(1): 37-40.

[35] 赵会刚. 热力系统矩阵分析法在汽轮发电机组热力试验中的应用[J]. 吉林电力, 2004(4): 6-9.

[36] 刘强, 杨玲, 辛洪祥, 等. 压水堆核电机组二回路热力系统矩阵分析法[J]. 热能动力工程, 2009, 24(3): 391-394.

[37] 陈海平, 林安飞, 武俊峰. 基于质量单元矩阵分析法的回热系统给水焓升最佳分配[J]. 热力发电, 2006, 35(9): 11-14.

[38] 李运泽, 邓世敏. 压水堆核电机组二回路的矩阵分析法[J]. 热力发电, 2000, 4: 26-28.

[39] Wang H J, Zhang C F, Zhao N. The on-line guide system for power plant based on parameter variance analysis and logical matrix[C]//IEEE International Conference on Wavelet Analysis and Pattern Recognition, Hong Kong, 2008, 2: 856-861.

[40] Wang H J, Zhang C F, Zhao N. The on-line guide system for energy-saving of power plant based on parameter variance analysis and logical matrix[C]//2008 International Conference on Machine Learning and Cybernetics, Kunming, 2008, 2: 1025-1030.

[41] Zhang C F, Chen H P, Liu J Z. Thermodynamic unit matrix analysis method for the thermal economics of coal fired power plant shaft gland system [C]//IEEE Conference on Compu-ters, Communications, Control and Power Engineering, Beijing, 2002, 3: 1782-1786.

[42] Napalkov V V. On the theory of the linear partial differential equations with variable coefficients[J]. Doklady Akademii Nauk, 2004, 397(6): 748-750.

[43] Kida Y, Kida T. A numerical solution of linear variable-coefficient partial differential equations with two independent variables based on Kida's optimum approximation theory[C]// International Symposium on Information Theory and its Applications(ISITA 2008), Ancklond, 2008(6): 1-6.

[44] 郑秀萍, 郑禄营. 矩阵法和偏微分理论在机组热经济性分析中的应用[J]. 热能动力工程, 1999, 14(6): 477-480.

[45] 李永华, 闫顺林, 王松岭. 煤耗与辅助汽水流量的通用微分关系式[J]. 中国电机工程学报, 2001, 21(11): 79-83.

[46] 张学镭, 王松岭, 陈海平, 等. 加热器端差对机组热经济性影响的通用计算模型[J]. 中国电机工程学报, 2005, 25(4): 166-171.

[47] 郭民臣, 王清照, 魏楠, 等. 热(汽)耗变换系统——分析电厂热力系统的新方法[J]. 中国电机工程学报, 1997(4): 227-229.

[48] Zaleta-Aguilar A, Royo J, Valero A. Thermodynamic model of the loss factor applied to steam turbines[J]. International Journal of Applied Thermodynamics, 2001, 4(3): 127-133.

[49] Teisseyre M, Mieczyslaw M, Maria W, et al. Pressure differential device of partial mass flowrate measuring in pneumatic conveying of pulverized coal in power station[J]. Inzynieria Chemiczna I Procesowa, 2004, 25(4): 2367-2374.

[50] 方永平, 胡念苏, 汪静, 等. 600MW 超临界汽轮发电机组耗差分析[J]. 汽轮机技术, 2007, 49(1): 8-11.

[51] 田红景, 谢飞, 张春发, 等. 基于小扰动理论的火电厂机组耗差分析[J]. 华北电力大学学报, 2006, 33(3): 51-53.

[52] Verda V, Serra L, Valero A. Thermoeconomic diagnosis: Zooming strategy applied to highly complex energy systems-part2: On the choice of the productive structure[J]. Journal of Energy Resour-ces Technology, 2005, 127(1): 50-58.

[53] Valero A, Correas L, Zaleta A, et al. On the thermoeconomic approach to the diagnosis of energy system malfunctions-part2: Malfunction definitions and assessment[J]. Energy, 2004, 29: 1889-1908.

[54] Valero A, Lozano, M A, Bartolome J L. On-line monitoring of power-plant performance, using exergy cost techniques[J]. Applied Thermal Engineering, 1996, 16(12): 933-948.

[55] 李书营, 何雪梅. 基于热经济学矩阵模式的发电厂热力系统经济性分析[J]. 汽轮机技术, 2008, 50(5): 378-379.

[56] 杨勇平, 王珈璇, 蔡睿贤. 能量系统的经济学分析通用模型及其在电厂中的应用[J]. 热能动力工程, 1996, 11(6): 354-359.

[57] 郑宏飞, 吴裕远. 广义经济学[J]. 西安交通大学学报: 社会科学版, 2000, 20(3): 69-74.

[58] Regulagadda P, Dincer I, Naterer G F. Exergy analysis of a thermal power plant with measured boiler and turbine losses[J]. Applied Thermal Engineering, 2010, 30(8): 970-976.

[59] Zhang C, Wang Y, Zheng C G, et al. Exergy cost analysis of a coal fired power plant based on structural theory of thermoeconomics[J]. Energy Conversion and Management, 2006, 47(7): 817-843.

[60] 葛斌, 张俊礼, 殷戈. 火电机组热力系统与设备损分布通用矩阵模型[J]. 东南大学学报: 自然科学版, 2009, 39(5): 1034-1048.

[61] 王连启, 张明智. 火电机组回热系统效率通用矩阵方程[J]. 能源技术, 2008, 29(4): 200-202.

[62] Kim S M, Oh S D, Kwon Y H, et al. Exergoeconomic analysis of thermal system[J]. Energy, 1998, 23: 393-406.

[63] 季辉. 电厂热力系统的热经济学分析与优化[D]. 保定: 华北电力大学, 2013.

[64] 赵豹. 600MW 级火电厂热力系统优化与分析[D]. 天津: 河北工业大学, 2013.

[65] 易汝杨. 高效超超临界燃煤发电机组热力系统的分析[D]. 长沙: 中南大学, 2014.

[66] 蒋琪琳. 火电厂热力系统的热经济学分析与泛分析[D]. 长沙: 中南大学, 2011.

[67] 桂婷婷. 汽轮发电机组热力系统矩阵分析法通用模型研究[D]. 保定: 华北电力大学, 2011.

[68] 刘润奎. 670 吨锅炉省煤器改造前后热力特性试验探讨[J]. 中国电力教育, 2005, 29(2): 311-313.

[69] 焦明发, 郭宝仁. 火电机组热力试验与实际运行煤耗率的比较[J]. 中国电力, 2007, 40(11): 82-84.

[70] 霍鹏, 李千军. 汽轮机热力试验的节能诊断与分析[J]. 广东科技, 2007, 40(11): 2-4.

[71] 宁辉. 火电厂热力系统矩阵分析的研究与应用[D]. 北京: 华北电力大学, 2008.

[72] 施青丽, 温社教. 热力试验在火电厂的应用[J]. 青海电力, 2004, 23(4): 38-40.

[73] 丁俊齐, 宗世田. 正平衡、反平衡、等效热降、常规热力试验计算方法的比较[J]. 热力透平, 2004, 3(4): 247-249.

[74] Wang Z G, Ma Y T, Lu W. The application of uncertainty analysis theory in thermal efficiency testing for boiler[J]. Proceedings of the CSEE, 2005, 25(3): 125-129.

[75] Chai Q H, Ding Y J, Zhang D H, et al. Testing and study of thermodynamic performance of coal fired boiler with flare gas blended [J]. Electric Power, 2003, 36(4): 17.

[76] Botvinov V P, Godyak V A, Gut F E. Operational adjustment and thermal tests of the TGMP-204 steam boiler[J]. Thermal Engineering, 1980, 27(11): 613-616.

[77] Grishin A D, Taran O E. Results of thermal tests on the pilot TGMP-1202 boiler of the 1200MW power generating unit[J]. Thermal Engineering, 1986, 33(5): 240-243.

[78] 孟凡敬, 尹洪超. 600MW 机组凝汽器最佳经济方案选择及特性曲线分析[J]. 汽轮机技术, 2009(2): 122-124.

[79] Guan D Q, Mo J C, Li L, et al. The research of the optimization operation curve for boiler drum of 310MW unit[C]. IET Conference Publica-tions, Hangzhou, 2006: 523.

[80] 钱进, 吴爱民, 张俊. 考虑真空泵汽蚀特性的 300MW 汽轮机凝汽器特性曲线[J]. 汽轮机技术, 2005, 47(6): 411-413.

[81] Ide S T, Orr Jr F M. Comparison of methods to estimate the rate of CO_2 emissions and coal consumption from a coal fire near Durango, CO [J]. Inter-national Journal of Coal Geology, 2011, 86(1): 95-107.

[82] Wang S H, Liu J. Selection method of variable of standard coal consumption rate model of thermal power generating units[J]. Industry and Mine Automation, 2009, 3: 27-31.

[83] Jiao M F, Guo B R. Comparison and analysis on coal consumption rate of fossil-fired power unit in thermal test and actual operation[J]. Electric Power, 2007, 40(11): 82-84.

[84] 李胜梅, 程步奇, 高兴誉, 等. 基于非线性回归方程偏导数分析应用程序性能敏感度的方法[J]. 计算机研究与发展, 2010, 9: 1654-1662.

[85] Yonaidi R, Boosroh M H. Sustainability assessment of power plants projects firing on different fuels[C]//3rd International Conference on Energy and Environment, Guilin, 2009: 215-220.

[86] Vinatoru, M. Level control of pumped-storage hydro power plants[C]//Automation, Quality and Testing, Robotics, 2008, 3: 43-47.

[87] Cali A, Conti S, Santonoceto F, et al. Benefits assessment of fault current limiters in a refinery power plant: A case study[C]//IEEE International Conference on Power System Technology, Perth, 2000, 3: 1505-1510.

[88] Stranix A J, Firester A H, Santonoceto F, Conceptual design of a 50MW central station photovoltaic power plant[J]. IEEE Transactions on Power Apparatus and Systems, 1983, 102(9): 3218-3225.

[89] 谭蕾. 给水泵效率在线监测方法的探讨[J]. 发电设备, 2009, 23(2): 94-97.

[90] Wang P, Li J P. Problem's thermodynamics energy analysis method [C]//IEEE International Forum on Information Technology and Applications, Chengdu, 2009, 2: 206-208.

[91] Haddad W M, Chellaboina V, Nersesov S G. A system-theoretic foundation for thermodynamics: Energy flow, energy balance, energy equipartition, entropy, and ectropy[C]//American Control Conference, Boston, 2004, 1: 396-417.

[92] Zhao J. Greenhouse gas abatement analysis of the energy saving retrofit in pulverized coal power plants[C]//Power and Energy Engineering Conference, Chengdu, 2010: 1-4.

[93] Yang Y P, Yang Z P, Yang C H. Energy-saving analysis based on the specific consumption theory for large coal-fired power units[C]// Po-wer and Energy Engineering Conference, Chengdu, 2010: 1-4.

[94] Lee C, Kim H T, Yun Y. Optimal integration condition between the gas turbine air compressor and the air separation unit of IGCC po wer plant[C]// Energy Conversion Engineering Conference, Honolulu 1997, 3: 1708-1713.

[95] Haidar J. An analysis of heat transfer and fume production in gas metal arc welding[J]. Journal of Applied Physics, 1999, 85(7): 3448-3459.

[96] Stecco S S, Desideri U. Optimization of the heat recovery section in combined power plants[C]// Energy Conversion Engineering Conference, Washington, 1989, 5: 2535-2542.

[97] Oommen T V. Gas pressure calculations for sealed transformers under varying load conditions[J]. IEEE Transactions on Power Engineering Review, 1983, 3(5): 43-44.

[98] Li Y, Gao H. On-line calculation for thermal efficiency of boiler [C]//Power and Energy Engineering Conference, Chengdu, 2010: 1-4.

[99] Lin Y J, Ma Y G, Wang B S. Energy balance control used for main steam temperature in power plant[J]. Intelligent Control and Automation, 2000, 5: 3572-3575.

[100] 薛向阳. 一种改进的线性回归预测模型[J]. 科学技术与工程, 2010, 12: 2970-2973.

[101] Bridgel T, Tresp V. Robust neural network online learning in time-variant regression models[C]// Neural Networks for Signal Precessing IX Akademii Nauk, Madison, 1999: 186-194.

[102] Ferrari S, Bellocchio F, Piuri V, et al. Multi-scale support vector regression[C]//The 2010 International Joint Conference on Neural Networks, Barcelona, 2010: 1-7.

[103] Elattar E E, Goulermas J, Wu Q H. Electric load forecasting based on locally weighted support vector regression[J]. IEEE Systems, Man, and Cybernetics Society, 2010, 40(4): 438-447.

[104] George J, Rajeec K. Hybrid wavelet support vector regression[C]// IEEE International Conference on Cybernetic Intelligent Systems, London, 2008: 1-6.

[105] Banner R, Orda A. Multi-objective topology control in wireless networks [C]// IEEE, Phoenix, 2008: 448-456.

[106] Lutz K, Konig A. Minimizing power consumption in wireless sensor networks by duty-cycled reconfigurable sensor electronics[C]//2010 8th Workshop on Intelligent Solu-tions in Embedded Systems, Heraklion, 2010: 97-102.

[107] Veerachary M. Modeling of power electronic systems using signal flow graphs[C]// IEEE Industrial Electronics, 2006: 5306-5307.

[108] Veerachary, M. Signal flow graph modeling of cascade boost converters[C]//Doklady Akademii Nauk, Acapulco, 2003, 2: 606-609.

[109] 吕子安. 流体网络系统仿真软件 THLF 的算法分析[J]. 系统仿真学报, 1994, 6(2): 43-36.

[110] 吕子安. 热工对象建模方法的研究及其应用[D]. 北京: 清华大学, 1988.

[111] Smitu L P, Dixon R R, Shor S H. Modular modeling system（MMS）: A code for the dynamic simulation of fossil and nuclear power plants[J]. EPRI-CS/NP, 1983, 3016(1): 983.

[112] 陈蕾. 轮机流体网络系统图形化建模软件开发[D]. 武汉: 武汉理工大学, 2007.

[113] 万春阳. 仿真平台图形化建模及数据显示系统的研究与实现[D]. 西安: 西安交通大学, 2013.

[114] 王威. 电站图形化建模系统 GNET[D]. 北京: 清华大学, 1996.

[115] 苟建兵. 热动力系统计算机集成设计系统开发[D]. 北京: 清华大学, 1996.

[116] 马永光. 智能化建模/仿真环境研究与实践[D]. 保定: 华北电力大学, 1997.

[117] 蔡瑞忠, 王威, 眭喆, 等. 图形建模中流体网络拓扑结构的定义与识别[J]. 清华大学学报, 1999, 39(6): 63-66.

[118] 蔡锴, 陈启卷, 王建梅, 等. 超临界锅炉风烟系统的流体网络动态数学模型[J]. 动力工程, 2009, 29(2): 134-138.

[119] 李锦萍, 胡涛. 火力发电流体网络仿真模型研究[J]. 电力学报, 2009, 24(6): 486-488.

[120] 张伟, 徐贵光, 王欣. 火力发电流体网络建模与实现[J]. 电力学报, 2012, 27(5): 517-520.

[121] 张婷婷, 刘振侠, 吕亚国. 流体网络节点参量修正算法的改进[J]. 航空工程进展, 2012, 3(3): 274-278.

[122] Majumdar A K, Beiley J W, Schallhorn P, et al. A generalized fluid system simulation program to model flow distribution in fluid networks[R]. NASA-CR-207793, 1998.

[123] Muller Y. Secondary air system model for integrated thermomechanical ana- lysis of a jet engine[R]. ASME-GT-50078, 2008.

[124] Alexiou A, Mathioudakis K. Secondary air system component modeling for engine performance simulations[J]. Journal of Engineering for Gas Turbines and Power, 2009, 131 (3): 031202.

[125] Kutz K J, Speer T M. Simulation of the secondary air system of aero engines[J]. Journal of Turbomachinery, 1994, 116 (2): 306-315.

[126] van Hooser K, Bailey J, Majumdar A. Numerical prediction of transient axial thrust and internal flows in a rocket engine turbopump[R]. AIAA-99-2189, 1999.

[127] 侯升平, 陶智, 韩树军, 等. 非稳态流体网络模拟新方法及其应用[J]. 航空动力学报, 2009, 24 (6): 1253-1257.

[128] Paynter H M. Analysis and Design of Engineering Systems[M]. Cambrige: MIT Press, 1961.

[129] Granda J J. The role of bond graph modeling and simulation in mechatronic systems, an integrated software tool: CAMP-G, MATLAB-simulink [J]. Me-chatronics, 2002, 12: 1271-1295.

[130] Amerongen J V, Breedveld P. Modeling of physical systems for the design and control of mechatronic systems[J]. Annual Reviews in Control, 2003, 27: 87-117.

[131] Wojcik L A. Modeling of musculoskeletal structure and function using a modular bond graph approach[J]. Journal of the Franklin Institute, 2003, 340: 63-76.

[132] Bouamama B O, Medjaher K, Bayart M, et al. Fault detection and isolation of smart actuators using bond graphs and external models[J]. Control Engineering Practice, 2005, 13: 159-175.

[133] 王中双, 陆念力. 键合图理论及应用研究若干问题的发展及现状[J]. 机械科学与技术, 2008, 27 (1): 72-77.

[134] 倪何, 程刚, 朱国情, 等. 基于键合图的热工流体网络建模方法研究[J]. 系统仿真学报, 2010, 22 (4): 881-885.

[135] 罗志昌. 流体网络理论[M]. 北京: 机械工业出版社, 1988.

[136] Iberall A S. Attenuation of oscillatory pressures in instrument lines [J]. National Bureau of Standards, 1950, 45: 85-108.

[137] 李少华, 宋东辉, 姚亮, 等. 基于 IAPWS-IF97 及补充方程的水和水蒸气焓值计算程序的编制[J]. 动力工程, 2011, 31 (11): 851-854.

[138] 刘启军, 李作兰, 方琪. 超超临界机组增设零号高压加热器研究[J]. 吉林电力, 2015, 43 (4): 1-4.

[139] 包伟伟. 1000MW 超超临界机组增设 0 号高压加热器经济性分析[J]. 发电设备, 2015, 29 (3): 172-175.

附　　录

1.2.3.2 节中求解热力系统 100%THA 工况下流体网络模型的 MATLAB 源程序

%%%%%%%%%%%%%%%% 求解质量流量分布 %%%%%%%%%%%%%%%%

%%%%%%输入表 2-5 中根据 100%THA 设计工况数据计算的流阻值(源程序中流阻单位已换算为 MPa·t/h) %%%%

```
R1=3.47
R2=6.678535148
R3=3.117227657
R4=30.67484663
R5=2.128558719
R6=1.600619595
R7=0.501944739
R8=1.950683907
R9=14.73363333
R10=1.206225681
R11=1.540927788
R12=6.459456602
R13=1.617052554
R14=0.459647101
R15=0.637996219
R16=7.419659735
R17=0.266472868
R18=0.480699199
R19=1.686804642
R20=0.128247287
R21=0.231583556
R22=0.072894434
R23=0.046125461
R24=0.368421053
R25=0.033639984
```

R26=0.123532624

R27=1.49388049

R28=11.91441465

R29=702.4210526

R30=895.1885566

R31=18.01766639

%%%%%%%%%%%%%% 输入凝结水泵、给水泵进出口压差 %%%%%%%%%

Unb=2；　　% 凝结水泵进出口压差

Ugb=26.83；　% 给水泵进出口压差

%%%%%% 流体网络数学模型方程组,根据方程组变量系数确定系数矩阵 %%%%

% I1=I24+I25+I26

% I24=I3+I2

% I25+I3=I5+I4

% I27=I26+I5

% I27=I8+I7

% I8=I10+I11+I28

% I11=I12+I13

% I13=I14+I17

% I17=I16+I18

% I18=I19+I21

% I6=I2+I4

% I9=I6+I7

% I1=I9+I10+I23

% I15=I12+I14a

% I20=I15+I16

% I22=I19+I20

% R25/1000*I21=R23/1000*I19+R26/1000*I22

% R22/1000*I18+R23/1000*I19=R20/1000*I16+R24/1000*I20

% R21/1000*I17+R20/1000*I16=R17/1000*I14+R19/1000*I15

% R18/1000*I13+R17/1000*I14=R15/1000*I12+R16/1000*I12

% R14/1000*I11+R15/1000*I12+R16/1000*I12+R19/1000*I15+···

　　R24/1000*I20+ R26/1000*I22+R27/1000*I23=R13/1000*I10+Unb

% R11/1000*I8+R13/1000*I10=R10/1000*I7+R12/1000*I9

% R7/1000*I5+R8/1000*I27+R10/1000*I7=R6/1000*I4+R9/1000*I6

% R5/1000*I3+R6/1000*I4=R3/1000*I2+R4/1000*I2

% R1/1000*I1+R2/1000*I1+R28/1000*I24+R3/1000*I2+R4/1000*I2+…

　R9/1000*I6+R12/1000*I9=Ugb

% R28/1000*I24+R5/1000*I3=R29/1000*I25

% R30/1000*I26=R29/1000*I25+R7/1000*I5

% −1*R14/1000*I11−1*R18/1000*I13−1*R21/1000*I17−1*R22/1000* I18−…

　1*R25/1000*I21+R31/1000*I28=0

%%%%%%%%%%%%%%%% 输入系数矩阵 **A** 的值 %%%%%%%%%%%%%%

a0101=1；a0102=0；a0103=0；a0104=0；a0105=0；a0106=0；a0107=0；a0108=0；
a0109=0；a0110=0；a0111=0；a0112=0；a0113=0；a0114=0；a0115=0；a0116=0；
a0117=0；a0118=0；a0119=0；a0120=0；a0121=0；a0122=0；a0123=0；a0124=−1；
a0125=−1；a0126=−1；a0127=0；a0128=0；

a0201=0；a0202=−1；a0203=−1；a0204=0；a0205=0；a0206=0；a0207=0；a0208=0；
a0209=0；a0210=0；a0211=0；a0212=0；a0213=0；a0214=0；a0215=0；a0216=0；
a0217=0；a0218=0；a0219=0；a0220=0；a0221=0；a0222=0；a0223=0；a0224=1；
a0225=0；a0226=0；a0227=0；a0228=0；

a0301=0；a0302=0；a0303=1；a0304=−1；a0305=−1；a0306=0；a0307=0；a0308=0；
a0309=0；a0310=0；a0311=0；a0312=0；a0313=0；a0314=0；a0315=0；a0316=0；
a0317=0；a0318=0；a0319=0；a0320=0；a0321=0；a0322=0；a0323=0；a0324=0；
a0325=1；a0326=0；a0327=0；a0328=0；

a0401=0；a0402=0；a0403=0；a0404=0；a0405=−1；a0406=0；a0407=0；a0408=0；
a0409=0；a0410=0；a0411=0；a0412=0；a0413=0；a0414=0；a0415=0；a0416=0；
a0417=0；a0418=0；a0419=0；a0420=0；a0421=0；a0422=0；a0423=0；a0424=0；
a0425=0；a0426=−1；a0427=1；a0428=0；

a0501=0；a0502=0；a0503=0；a0504=0；a0505=0；a0506=0；a0507=−1；a0508=−1；
a0509=0；a0510=0；a0511=0；a0512=0；a0513=0；a0514=0；a0515=0；a0516=0；
a0517=0；a0518=0；a0519=0；a0520=0；a0521=0；a0522=0；a0523=0；a0524=0；
a0525=0；a0526=0；a0527=1；a0528=0；

a0601=0；a0602=0；a0603=0；a0604=0；a0605=0；a0606=0；a0607=0；a0608=1；
a0609=0；a0610=−1；a0611=−1；a0612=0；a0613=0；a0614=0；a0615=0；a0616=0；
a0617=0；a0618=0；a0619=0；a0620=0；a0621=0；a0622=0；a0623=0；a0624=0；
a0625=0；a0626=0；a0627=0；a0628=−1；

a0701=0；a0702=0；a0703=0；a0704=0；a0705=0；a0706=0；a0707=0；a0708=0；
a0709=0；a0710=0；a0711=1；a0712=−1；a0713=−1；a0714=0；a0715=0；a0716=0；

a0717=0；a0718=0；a0719=0；a0720=0；a0721=0；a0722=0；a0723=0；a0724=0；
a0725=0；a0726=0；a0727=0；a0728=0；
a0801=0；a0802=0；a0803=0；a0804=0；a0805=0；a0806=0；a0807=0；a0808=0；
a0809=0；a0810=0；a0811=0；a0812=0；a0813=1；a0814=-1；a0815=0；a0816=0；
a0817=-1；a0818=0；a0819=0；a0820=0；a0821=0；a0822=0；a0823=0；a0824=0；
a0825=0；a0826=0；a0827=0；a0828=0；
a0901=0；a0902=0；a0903=0；a0904=0；a0905=0；a0906=0；a0907=0；a0908=0；
a0909=0；a0910=0；a0911=0；a0912=0；a0913=0；a0914=0；a0915=0；a0916=-1；
a0917=1；a0918=-1；a0919=0；a0920=0；a0921=0；a0922=0；a0923=0；a0924=0；
a0925=0；a0926=0；a0927=0；a0928=0；
a1001=0；a1002=0；a1003=0；a1004=0；a1005=0；a1006=0；a1007=0；a1008=0；
a1009=0；a1010=0；a1011=0；a1012=0；a1013=0；a1014=0；a1015=0；a1016=0；
a1017=0；a1018=1；a1019=-1；a1020=0；a1021=-1；a1022=0；a1023=0；a1024=0；
a1025=0；a1026=0；a1027=0；a1028=0；
a1101=0；a1102=-1；a1103=0；a1104=-1；a1105=0；a1106=1；a1107=0；a1108=0；
a1109=0；a1110=0；a1111=0；a1112=0；a1113=0；a1114=0；a1115=0；a1116=0；
a1117=0；a1118=0；a1119=0；a1120=0；a1121=0；a1122=0；a1123=0；a1124=0；
a1125=0；a1126=0；a1127=0；a1128=0；
a1201=0；a1202=0；a1203=0；a1204=0；a1205=0；a1206=-1；a1207=-1；a1208=0；
a1209=1；a1210=0；a1211=0；a1212=0；a1213=0；a1214=0；a1215=0；a1216=0；
a1217=0；a1218=0；a1219=0；a1220=0；a1221=0；a1222=0；a1223=0；a1224=0；
a1225=0；a1226=0；a1227=0；a1228=0；
a1301=1；a1302=0；a1303=0；a1304=0；a1305=0；a1306=0；a1307=0；a1308=0；
a1309=-1；a1310=-1；a1311=0；a1312=0；a1313=0；a1314=0；a1315=0；a1316=0；
a1317=0；a1318=0；a1319=0；a1320=0；a1321=0；a1322=0；a1323=-1；a1324=0；
a1325=0；a1326=0；a1327=0；a1328=0；
a1401=0；a1402=0；a1403=0；a1404=0；a1405=0；a1406=0；a1407=0；a1408=0；
a1409=0；a1410=0；a1411=0；a1412=-1；a1413=0；a1414=-1；a1415=1；a1416=0；
a1417=0；a1418=0；a1419=0；a1420=0；a1421=0；a1422=0；a1423=0；a1424=0；
a1425=0；a1426=0；a1427=0；a1428=0；
a1501=0；a1502=0；a1503=0；a1504=0；a1505=0；a1506=0；a1507=0；a1508=0；
a1509=0；a1510=0；a1511=0；a1512=0；a1513=0；a1514=0；a1515=-1；a1516=-1；
a1517=0；a1518=0；a1519=0；a1520=1；a1521=0；a1522=0；a1523=0；a1524=0；
a1525=0；a1526=0；a1527=0；a1528=0；
a1601=0；a1602=0；a1603=0；a1604=0；a1605=0；a1606=0；a1607=0；a1608=0；

a1609=0; a1610=0; a1611=0; a1612=0; a1613=0; a1614=0; a1615=0; a1616=0;
a1617=0; a1618=0; a1619=−1; a1620=−1; a1621=0; a1622=1; a1623=0; a1624=0;
a1625=0; a1626=0; a1627=0; a1628=0;

a1701=0; a1702=0; a1703=0; a1704=0; a1705=0; a1706=0; a1707=0; a1708=0;
a1709=0; a1710=0; a1711=0; a1712=0; a1713=0; a1714=0; a1715=0; a1716=0;
a1717=0; a1718=0; a1719=−1*R23/1000; a1720=0; a1721=R25/1000; a1722=⋯
−1*R26/1000; a1723=0; a1724=0; a1725=0; a1726=0; a1727=; a1728=0;

a1801=0; a1802=0; a1803=0; a1804=0; a1805=0; a1806=0; a1807=0; a1808=0;
a1809=0; a1810=0; a1811=0; a1812=0; a1813=0; a1814=0; a1815=0; a1816=⋯
−1*R20/1000; a1817=0; a1818=R22/1000; a1819=R23/1000; a1820=−1*R24/1000;
a1821=0; a1822=0; a1823=0; a1824=0; a1825=0; a1826=0; a1827=0; a1828=0;

a1901=0; a1902=0; a1903=0; a1904=0; a1905=0; a1906=0; a1907=0; a1908=0;
a1909=0;　a1910=0;　a1911=0;　a1912=0;　a1913=0;　a1914=−1*R17/1000;
a1915=⋯−1*R19/1000; a1916=R20/1000; a1917=R21/1000; a1918=0; a1919=0;
a1920=0; a1921=0; a1922=0; a1923=0; a1924=0; a1925=0; a1926=0; a1927=0;
a1928=0;

a2001=0; a2002=0; a2003=0; a2004=0; a2005=0; a2006=0; a2007=0; a2008=0;
a2009=0; a2010=0; a2011=0; a2012=−1*R15/1000−1*R16/1000; a2013=R18/1000;
a2014=R17/1000; a2015=0; a2016=0; a2017=0; a2018=0; a2019=0; a2020=0;
a2021=0; a2022=0; a2023=0; a2024=0; a2025=0; a2026=0; a2027=0; a2028=0;

a2101=0; a2102=0; a2103=0; a2104=0; a2105=0; a2106=0; a2107=0; a2108=0;
a2109=0;　a2110=−1*R13/1000; a2111=R14/1000;　a2112=R15/1000+R16/1000;
a2113=0; a2114=0; a2115=R19/1000; a2116=0; a2117=0; a2118=0; a2119=0;
a2120=R24/1000;　a2121=0;　a2122=R26/1000;　a2123=R27/1000;　a2124=0;
a2125=0; a2126=0; a2127=0; a2128=0;

a2201=0; a2202=0; a2203=0; a2204=0; a2205=0; a2206=0; a2207=−1*R10/1000;
a2208=R11/1000; a2209=−1*R12/1000;　a2210=R13/1000;　a2211=0; a2212=0;
a2213=0; a2214=0; a2215=0; a2216=0; a2217=0; a2218=0; a2219=0; a2220=0;
a2221=0; a2222=0; a2223=0; a2224=0; a2225=0; a2226=0; a2227=0; a2228=0;

a2301=0; a2302=0; a2303=0;　a2304=−1*R6/1000; a2305=R7/1000;　a2306=⋯
−1*R9/1000; a2307=R10/1000; a2308=0; a2309=0; a2310=0; a2311=0; a2312=0;
a2313=0; a2314=0; a2315=0; a2316=0; a2317=0; a2318=0; a2319=0; a2320=0;
a2321=0; a2322=0; a2323=0; a2324=0; a2325=0; a2326=0; a2327=⋯ R8/1000;
a2328=0;

a2401=0; a2402=−1*R3/1000−1*R4/1000; a2403=R5/1000; a2404=R6/1000; a2405=0;

a2406=0；a2407=0；a2408=0；a2409=0；a2410=0；a2411=0；a2412=0；a2413=0；
a2414=0；a2415=0；a2416=0；a2417=0；a2418=0；a2419=0；a2420=0；a2421=0；
a2422=0；a2423=0；a2424=0；a2425=0；a2426=0；a2427=0；a2428=0；
a2501=R1/1000+R2/1000；a2502=R3/1000+R4/1000；a2503=0；a2504=0；a2505=0；
a2506=R9/1000；a2507=0；a2508=0；a2509=R12/1000；a2510=0；a2511=0；
a2512=0；a2513=0；a2514=；a2515=0；a2516=0；a2517=0；a2518=0；a2519=0；
a2520=0；a2521=0；a2522=0；a2523=0；a2524=R28/1000；a2525=0；a2526=0；
a2527=0；a2528=0；
a2601=0；a2602=0；a2603=R5/1000；a2604=0；a2605=0；a2606=0；a2607=0；
a2608=0；a2609=0；a2610=0；a2611=0；a2612=0；a2613=0；a2614=0；a2615=0；
a2616=0；a2617=0；a2618=0；a2619=0；a2620=0；a2621=0；a2622=0；a2623=0；
a2624=R28/1000；a2625=−1*R29/1000；a2626=0；a2627=0；a2628=0；
a2701=0；a2702=0；a2703=0；a2704=0；a2705=−1*R7/1000；a2706=0；a2707=0；
a2708=0；a2709=0；a2710=0；a2711=0；a2712=0；a2713=0；a2714=0；a2715=0；
a2716=0；a2717=0；a2718=0；a2719=0；a2720=0；a2721=0；a2722=0；a2723=0；
a2724=0；a2725=−1*R29/1000；a2726=R30/1000；a2727=0；a2728=0；
a2801=0；a2802=0；a2803=0；a2804=0；a2805=0；a2806=0；a2807=0；a2808=0；
a2809=0；a2810=0；a2811=−1*R14/1000；a2812=0；a2813=−1*R18/1000；a2814=0；
a2815=0；a2816=0；a2817=−1*R21/1000；a2818=−1*R22/1000；a2819=0；a2820=0；
a2821=−1*R25/1000；a2822=0；a2823=0；a2824=0；a2825=0；a2826=0；a2827=0；
a2828=R31/1000；

%%%%%%%%%%%%%%%% 输入向量 Y 的值 %%%%%%%%%%%%%%

y01=0；y02=0；y03=0；y04=0；y05=0；y06=0；y07=0；y08=0；y09=0；y10=0；
y11=0；y12=0；y13=0；y14=0；y15=0；y16=0；y17=0；y18=0；y19=0；y20=0；
y21=Unb；y22=0；y23=0；y24=0；y25=Ugb；y26=0；y27=0；y28=0；

%%%%%%%%%%%%%%%% 矩阵法解方程组 %%%%%%%%%%%%%%

A=[a0101 a0102 a0103 a0104 a0105 a0106 a0107 a0108 a0109 a0110 a0111 a0112
　　a0113 a0114 a0115 a0116 a0117 a0118 a0119 a0120 a0121 a0122 a0123 a0124
　　a0125 a0126 a0127 a0128;…
　　a0201 a0202 a0203 a0204 a0205 a0206 a0207 a0208 a0209 a0210 a0211 a0212
　　a0213 a0214 a0215 a0216 a0217 a0218 a0219 a0220 a0221 a0222 a0223 a0224
　　a0225 a0226 a0227 a0228;…
　　a0301 a0302 a0303 a0304 a0305 a0306 a0307 a0308 a0309 a0310 a0311 a0312
　　a0313 a0314 a0315 a0316 a0317 a0318 a0319 a0320 a0321 a0322 a0323 a0324
　　a0325 a0326 a0327 a0328;…

a0401 a0402 a0403 a0404 a0405 a0406 a0407 a0408 a0409 a0410 a0411 a0412
a0413 a0414 a0415 a0416 a0417 a0418 a0419 a0420 a0421 a0422 a0423 a0424
a0425　a0426　a0427　a0428;…

a0501 a0502 a0503 a0504 a0505 a0506 a0507 a0508 a0509 a0510 a0511 a0512
a0513 a0514 a0515 a0516 a0517 a0518 a0519 a0520 a0521 a0522 a0523 a0524
a0525　a0526　a0527　a0528;…

a0601 a0602 a0603 a0604 a0605 a0606 a0607 a0608 a0609 a0610 a0611 a0612
a0613 a0614 a0615 a0616 a0617 a0618 a0619 a0620 a0621 a0622 a0623 a0624
a0625　a0626　a0627　a0628;…

a0701 a0702 a0703 a0704 a0705 a0706 a0707 a0708 a0709 a0710 a0711 a0712
a0713 a0714 a0715 a0716 a0717 a0718 a0719 a0720 a0721 a0722 a0723 a0724
a0725　a0726　a0727　a0728;…

a0801 a0802 a0803 a0804 a0805 a0806 a0807 a0808 a0809 a0810 a0811 a0812
a0813 a0814 a0815 a0816 a0817 a0818 a0819 a0820 a0821 a0822 a0823 a0824
a0825　a0826　a0827　a0828;…

a0901 a0902 a0903 a0904 a0905 a0906 a0907 a0908 a0909 a0910 a0911 a0912
a0913 a0914 a0915 a0916 a0917 a0918 a0919 a0920 a0921 a0922 a0923 a0924
a0925　a0926　a0927　a0928;…

a1001 a1002 a1003 a1004 a1005 a1006 a1007 a1008 a1009 a1010 a1011 a1012
a1013 a1014 a1015 a1016 a1017 a1018 a1019 a1020 a1021 a1022 a1023 a1024
a1025　a1026　a1027　a1028;…

a1101 a1102 a1103 a1104 a1105 a1106 a1107 a1108 a1109 a1110 a1111 a1112
a1113 a1114 a1115 a1116 a1117 a1118 a1119 a1120 a1121 a1122 a1123 a1124
a1125　a1126　a1127　a1128;…

a1201 a1202 a1203 a1204 a1205 a1206 a1207 a1208 a1209 a1210 a1211 a1212
a1213 a1214 a1215 a1216 a1217 a1218 a1219 a1220 a1221 a1222 a1223 a1224
a1225　a1226　a1227　a1228;…

a1301 a1302 a1303 a1304 a1305 a1306 a1307 a1308 a1309 a1310 a1311 a1312
a1313 a1314 a1315 a1316 a1317 a1318 a1319 a1320 a1321 a1322 a1323 a1324
a1325　a1326　a1327　a1328;…

a1401 a1402 a1403 a1404 a1405 a1406 a1407 a1408 a1409 a1410 a1411 a1412
a1413 a1414 a1415 a1416 a1417 a1418 a1419 a1420 a1421 a1422 a1423 a1424
a1425　a1426　a1427　a1428;…

a1501 a1502 a1503 a1504 a1505 a1506 a1507 a1508 a1509 a1510 a1511 a1512
a1513 a1514 a1515 a1516 a1517 a1518 a1519 a1520 a1521 a1522 a1523 a1524

a1525　a1526　a1527　a1528;…

a1601 a1602 a1603 a1604 a1605 a1606 a1607 a1608 a1609 a1610 a1611 a1612 a1613 a1614 a1615 a1616 a1617 a1618 a1619 a1620 a1621 a1622 a1623 a1624 a1625　a1626　a1627　a1628;…

a1701 a1702 a1703 a1704 a1705 a1706 a1707 a1708 a1709 a1710 a1711 a1712 a1713 a1714 a1715 a1716 a1717 a1718 a1719 a1720 a1721 a1722 a1723 a1724 a1725　a1726　a1727　a1728;…

a1801 a1802 a1803 a1804 a1805 a1806 a1807 a1808 a1809 a1810 a1811 a1812 a1813 a1814 a1815 a1816 a1817 a1818 a1819 a1820 a1821 a1822 a1823 a1824 a1825　a1826　a1827　a1828;…

a1901 a1902 a1903 a1904 a1905 a1906 a1907 a1908 a1909 a1910 a1911 a1912 a1913 a1914 a1915 a1916 a1917 a1918 a1919 a1920 a1921 a1922 a1923 a1924 a1925　a1926　a1927　a1928;…

a2001 a2002 a2003 a2004 a2005 a2006 a2007 a2008 a2009 a2010 a2011 a2012 a2013 a2014 a2015 a2016 a2017 a2018 a2019 a2020 a2021 a2022 a2023 a2024 a2025　a2026　a2027　a2028;…

a2101 a2102 a2103 a2104 a2105 a2106 a2107 a2108 a2109 a2110 a2111 a2112 a2113 a2114 a2115 a2116 a2117 a2118 a2119 a2120 a2121 a2122 a2123 a2124 a2125　a2126　a2127　a2128;…

a2201 a2202 a2203 a2204 a2205 a2206 a2207 a2208 a2209 a2210 a2211 a2212 a2213 a2214 a2215 a2216 a2217 a2218 a2219 a2220 a2221 a2222 a2223 a2224 a2225　a2226　a2227　a2228;…

a2301 a2302 a2303 a2304 a2305 a2306 a2307 a2308 a2309 a2310 a2311 a2312 a2313 a2314 a2315 a2316 a2317 a2318 a2319 a2320 a2321 a2322 a2323 a2324 a2325　a2326　a2327　a2328;…

a2401 a2402 a2403 a2404 a2405 a2406 a2407 a2408 a2409 a2410 a2411 a2412 a2413 a2414 a2415 a2416 a2417 a2418 a2419 a2420 a2421 a2422 a2423 a2424 a2425　a2426　a2427　a2428;…

a2501 a2502 a2503 a2504 a2505 a2506 a2507 a2508 a2509 a2510 a2511 a2512 a2513 a2514 a2515 a2516 a2517 a2518 a2519 a2520 a2521 a2522 a2523 a2524 a2525　a2526　a2527　a2528;…

a2601 a2602 a2603 a2604 a2605 a2606 a2607 a2608 a2609 a2610 a2611 a2612 a2613 a2614 a2615 a2616 a2617 a2618 a2619 a2620 a2621 a2622 a2623 a2624 a2625　a2626　a2627　a2628;…

a2701 a2702 a2703 a2704 a2705 a2706 a2707 a2708 a2709 a2710 a2711 a2712

```
    a2713 a2714 a2715 a2716 a2717 a2718 a2719 a2720 a2721 a2722 a2723 a2724
    a2725 a2726 a2727 a2728;…
    a2801 a2802 a2803 a2804 a2805 a2806 a2807 a2808 a2809 a2810 a2811 a2812
    a2813 a2814 a2815 a2816 a2817 a2818 a2819 a2820 a2821 a2822 a2823 a2824
    a2825 a2826 a2827 a2828;]
Y=[y01 y02 y03 y04 y05 y06 y07 y08 y09 y10 y11 y12 y13 y14 y15 y16 y17
    y18 y19 y20 y21 y22 y23 y24 y25 y26 y27 y28]´
X=A\Y
 %%%%%%%%%%%%%% 显示质量流量的计算结果 %%%%%%%%%%%%
 disp(´I1=´)
 disp(X(1))
 disp(´I2=´)
 disp(X(2))
 disp(´I3=´)
 disp(X(3))
 disp(´I4=´)
 disp(X(4))
 disp(´I5=´)
 disp(X(5))
 disp(´I6=´)
 disp(X(6))
 disp(´I7=´)
 disp(X(7))
 disp(´I8=´)
 disp(X(8))
 disp(´I9=´)
 disp(X(9))
 disp(´I10=´)
 disp(X(10))
 disp(´I11=´)
 disp(X(11))
 disp(´I12=´)
 disp(X(12))
 disp(´I13=´)
 disp(X(13))
```

```
disp('I14=')
disp(X(14))
disp('I15=')
disp(X(15))
disp('I16=')
disp(X(16))
disp('I17=')
disp(X(17))
disp('I18=')
disp(X(18))
disp('I19=')
disp(X(19))
disp('I20=')
disp(X(20))
disp('I21=')
disp(X(21))
disp('I22=')
disp(X(22))
disp('I23=')
disp(X(23))
disp('I24=')
disp(X(24))
disp('I25=')
disp(X(25))
disp('I26=')
disp(X(26))
disp('I27=')
disp(X(27))
disp('I28=')
disp(X(28))
%%%%%%%% 根据质量流量分布求解结果求解节点压力分布 %%%%%%%%
N20=0.0049 %%%% 凝汽器压力值给定,作为压力分布求解的基点
N15=N20+Unb-R27/1000*I23
N1=N15+Ugb-R1/1000*I1
N2=N1-R2/1000*I1
```

```
N3=N2-R28/1000*I24
N4=N3-R5/1000*I3
N5=N4-R7/1000*I5
N6=N5-R8/1000*I27
N7=N6-R11/1000*I8
N8=N7-R14/1000*I11
N9=N8-R18/1000*I13
N10=N9-R21/1000*I17
N11=N10-R22/1000*I18
N12=N3-R3/1000*I2
N13=N12-R4/1000*I2
N14=N13-R9/1000*I6
N16=N8-R15/1000*I12
N17=N16-R16/1000*I12
N18=N17-R19/1000*I15
N19=N18-R24/1000*I20
%%%%%%%%%%%%% 显示节点压力的计算结果 %%%%%%%%%%%%
disp('N1=')
disp(N1)
disp('N2=')
disp(N2)
disp('N3=')
disp(N3)
disp('N4=')
disp(N4)
disp('N5=')
disp(N5)
disp('N6=')
disp(N6)
disp('N7=')
disp(N7)
disp('N8=')
disp(N8)
disp('N9=')
disp(N9)
```

```
disp('N10=')
disp(N10)
disp('N11=')
disp(N11)
disp('N12=')
disp(N12)
disp('N13=')
disp(N13)
disp('N14=')
disp(N14)
disp('N15=')
disp(N15)
disp('N16=')
disp(N16)
disp('N17=')
disp(N17)
disp('N18=')
disp(N18)
disp('N19=')
disp(N19)
```

2.2.4.3 节中 100%THA 工况下支路变化的热力系统流体网络模型求解 MATLAB 源程序

```
%%%%%%%%%%%%%%%% 求解质量流量分布 %%%%%%%%%%%%%%%%%
%%%%%%%%%%%%%%% 输入100%THA工况的流阻值(源程序中流阻单位已换算为MPa·t/h)
%%%%%%%%%%
R1=3.47
R2=6.678535148
R3=3.117227657
R4=30.67484663
R5=2.128558719
R6=1.600619595
R7=0.501944739
R8=1.950683907
R9=14.73363333
```

R10=1.206225681

R11=1.540927788

R12=6.459456602

R13=1.617052554

R14=0.459647101

R15=0.637996219

R16=7.419659735

R17=0.266472868

R18=0.480699199

R19=1.686804642

R20=0.128247287

R21=0.231583556

R22=0.072894434

R23=0.046125461

R24=0.368421053

R25=0.033639984

R26=0.123532624

R27=1.49388049

R28=11.91441465

R29=702.4210526

R30=895.1885566

R31=18.01766639

%%%%%%%%%%%%%% 输入泄漏管道的流阻设定值 %%%%%%%%%%

Rx=1000　　%泄漏管道流阻

%%%%%%%%%%%%%% 输入凝结水泵、给水泵进出口压差 %%%%%%%%%%

Unb=2;　　% 凝结水泵进出口压差

Ugb=26.83;　　% 给水泵进出口压差

%%%%%%% 流体网络数学模型方程组,根据方程组变量系数确定系数矩阵 %%%%

% I1=I24+I25+I26

% I24=I3+I2

% I25+I3=I5+I4

% I27=I26+I5

% I27=I8+I7

% I8=I10+I11+I28

% I11=I12+I13

% I13=I14+I17

% I17=I16+I18

% I18=I19+I21

% I6=I2+I4

% I9=I6+I7+I29

% I30=I9+I10+I23

% I15=I12+I14

% I20=I15+I16

% I22=I19+I20

% R25/1000*I21=R23/1000*I19+R26/1000*I22

% R22/1000*I18+R23/1000*I19=R20/1000*I16+R24/1000*I20

% R21/1000*I17+R20/1000*I16=R17/1000*I14+R19/1000*I15

% R18/1000*I13+R17/1000*I14=R15/1000*I12+R16/1000*I12

% R14/1000*I11+R15/1000*I12+R16/1000*I12+R19/1000*I15+···

　　R24/1000*I20+R26/1000*I22+R27/1000*I23=R13/1000*I10+Unb

% R11/1000*I8+R13/1000*I10=R10/1000*I7+R12/1000*I9

% R7/1000*I5+R8/1000*I27+R10/1000*I7=R6/1000*I4+R9/1000*I6

% R5/1000*I3+R6/1000*I4=R3/1000*I2+R4/1000*I2

% R1/1000*I1+R2/1000*I1+R28/1000*I24+R3/1000*I2+R4/1000*I2+···

　　R9/1000*I6=Rx*I29

% R28/1000*I24+R5/1000*I3=R29/1000*I25

% R30/1000*I26=R29/1000*I25+R7/1000*I5

% −1*R14/1000*I11−1*R18/1000*I13−1*R21/1000*I17−1*R22/1000* I18−···

　　1*R25/1000*I21+R31/1000*I28=0

% Rx*I29+R12*I9=Ugb

% I30=I1+I29

%%%%%%%%%%%%%%%% 输入系数矩阵 A 的值 %%%%%%%%%%%%%%

a0101=1; a0102=0; a0103=0; a0104=0; a0105=0; a0106=0; a0107=0; a0108=0;
a0109=0; a0110=0; a0111=0; a0112=0; a0113=0; a0114=0; a0115=0; a0116=0;
a0117=0; a0118=0; a0119=0; a0120=0; a0121=0; a0122=0; a0123=0; a0124=−1;
a0125=−1; a0126=−1; a0127=0; a0128=0; a0129=0; a0130=0;
a0201=0; a0202=−1; a0203=−1; a0204=0; a0205=0; a0206=0; a0207=0; a0208=0;
a0209=0; a0210=0; a0211=0; a0212=0; a0213=0; a0214=0; a0215=0; a0216=0;
a0217=0; a0218=0; a0219=0; a0220=0; a0221=0; a0222=0; a0223=0; a0224=1;

a0225=0；a0226=0；a0227=0；a0228=0；a0229=0；a0230=0；

a0301=0；a0302=0；a0303=1；a0304=−1；a0305=−1；a0306=0；a0307=0；a0308=0；

a0309=0；a0310=0；a0311=0；a0312=0；a0313=0；a0314=0；a0315=0；a0316=0；

a0317=0；a0318=0；a0319=0；a0320=0；a0321=0；a0322=0；a0323=0；a0324=0；

a0325=1；a0326=0；a0327=0；a0328=0；a0329=0；a0330=0；

a0401=0；a0402=0；a0403=0；a0404=0；a0405=−1；a0406=0；a0407=0；a0408=0；

a0409=0；a0410=0；a0411=0；a0412=0；a0413=0；a0414=0；a0415=0；a0416=0；

a0417=0；a0418=0；a0419=0；a0420=0；a0421=0；a0422=0；a0423=0；a0424=0；

a0425=0；a0426=−1；a0427=1；a0428=0；a0429=0；a0430=0；

a0501=0；a0502=0；a0503=0；a0504=0；a0505=0；a0506=0；a0507=−1；a0508=−1；

a0509=0；a0510=0；a0511=0；a0512=0；a0513=0；a0514=0；a0515=0；a0516=0；

a0517=0；a0518=0；a0519=0；a0520=0；a0521=0；a0522=0；a0523=0；a0524=0；

a0525=0；a0526=0；a0527=1；a0528=0；a0529=0；a0530=0；

a0601=0；a0602=0；a0603=0；a0604=0；a0605=0；a0606=0；a0607=0；a0608=1；

a0609=0；a0610=−1；a0611=−1；a0612=0；a0613=0；a0614=0；a0615=0；a0616=0；

a0617=0；a0618=0；a0619=0；a0620=0；a0621=0；a0622=0；a0623=0；a0624=0；

a0625=0；a0626=0；a0627=0；a0628=−1；a0629=0；a0630=0；

a0701=0；a0702=0；a0703=0；a0704=0；a0705=0；a0706=0；a0707=0；a0708=0；

a0709=0；a0710=0；a0711=1；a0712=−1；a0713=−1；a0714=0；a0715=0；a0716=0；

a0717=0；a0718=0；a0719=0；a0720=0；a0721=0；a0722=0；a0723=0；a0724=0；

a0725=0；a0726=0；a0727=0；a0728=0；a0729=0；a0730=0；

a0801=0；a0802=0；a0803=0；a0804=0；a0805=0；a0806=0；a0807=0；a0808=0；

a0809=0；a0810=0；a0811=0；a0812=0；a0813=1；a0814=−1；a0815=0；a0816=0；

a0817=−1；a0818=0；a0819=0；a0820=0；a0821=0；a0822=0；a0823=0；a0824=0；

a0825=0；a0826=0；a0827=0；a0828=0；a0829=0；a0830=0；

a0901=0；a0902=0；a0903=0；a0904=0；a0905=0；a0906=0；a0907=0；a0908=0；

a0909=0；a0910=0；a0911=0；a0912=0；a0913=0；a0914=0；a0915=0；a0916=−1；

a0917=1；a0918=−1；a0919=0；a0920=0；a0921=0；a0922=0；a0923=0；a0924=0；

a0925=0；a0926=0；a0927=0；a0928=0；a0929=0；a0930=0；

a1001=0；a1002=0；a1003=0；a1004=0；a1005=0；a1006=0；a1007=0；a1008=0；

a1009=0；a1010=0；a1011=0；a1012=0；a1013=0；a1014=0；a1015=0；a1016=0；

a1017=0；a1018=1；a1019=−1；a1020=0；a1021=−1；a1022=0；a1023=0；a1024=0；

a1025=0；a1026=0；a1027=0；a1028=0；a1029=0；a1030=0；

a1101=0；a1102=−1；a1103=0；a1104=−1；a1105=0；a1106=1；a1107=0；a1108=0；

a1109=0；a1110=0；a1111=0；a1112=0；a1113=0；a1114=0；a1115=0；a1116=0；

a1117=0; a1118=0; a1119=0; a1120=0; a1121=0; a1122=0; a1123=0; a1124=0;
a1125=0; a1126=0; a1127=0; a1128=0; a1129=0; a1130=0;
a1201=0; a1202=0; a1203=0; a1204=0; a1205=0; a1206=-1; a1207=-1; a1208=0;
a1209=1; a1210=0; a1211=0; a1212=0; a1213=0; a1214=0; a1215=0; a1216=0;
a1217=0; a1218=0; a1219=0; a1220=0; a1221=0; a1222=0; a1223=0; a1224=0;
a1225=0; a1226=0; a1227=0; a1228=0; a1229=-1; a1230=0;
a1301=0; a1302=0; a1303=0; a1304=0; a1305=0; a1306=0; a1307=0; a1308=0;
a1309=-1; a1310=-1; a1311=0; a1312=0; a1313=0; a1314=0; a1315=0; a1316=0;
a1317=0; a1318=0; a1319=0; a1320=0; a1321=0; a1322=0; a1323=-1; a1324=0;
a1325=0; a1326=0; a1327=0; a1328=0; a1329=0; a1330=1;
a1401=0; a1402=0; a1403=0; a1404=0; a1405=0; a1406=0; a1407=0; a1408=0;
a1409=0; a1410=0; a1411=0; a1412=-1; a1413=0; a1414=-1; a1415=1; a1416=0;
a1417=0; a1418=0; a1419=0; a1420=0; a1421=0; a1422=0; a1423=0; a1424=0;
a1425=0; a1426=0; a1427=0; a1428=0; a1429=0; a1430=0;
a1501=0; a1502=0; a1503=0; a1504=0; a1505=0; a1506=0; a1507=0; a1508=0;
a1509=0; a1510=0; a1511=0; a1512=0; a1513=0; a1514=0; a1515=-1; a1516=-1;
a1517=0; a1518=0; a1519=0; a1520=1; a1521=0; a1522=0; a1523=0; a1524=0;
a1525=0; a1526=0; a1527=0; a1528=0; a1529=0; a1530=0;
a1601=0; a1602=0; a1603=0; a1604=0; a1605=0; a1606=0; a1607=0; a1608=0;
a1609=0; a1610=0; a1611=0; a1612=0; a1613=0; a1614=0; a1615=0; a1616=0;
a1617=0; a1618=0; a1619=-1; a1620=-1; a1621=0; a1622=1; a1623=0; a1624=0;
a1625=0; a1626=0; a1627=0; a1628=0; a1629=0; a1630=0;
a1701=0; a1702=0; a1703=0; a1704=0; a1705=0; a1706=0; a1707=0; a1708=0;
a1709=0; a1710=0; a1711=0; a1712=0; a1713=0; a1714=0; a1715=0; a1716=0;
a1717=0; a1718=0; a1719=-1*R23/1000; a1720=0; a1721=R25/1000; a1722=···
-1*R26/1000; a1723=0; a1724=0; a1725=0; a1726=0; a1727=0; a1728=0; a1729=0;
a1730=0;
a1801=0; a1802=0; a1803=0; a1804=0; a1805=0; a1806=0; a1807=0; a1808=0;
a1809=0; a1810=0; a1811=0; a1812=0; a1813=0; a1814=0; a1815=0;
a1816=-1*R20/1000; a1817=0; a1818=R22/1000; a1819=R23/ 1000; a1820=···
-1*R24/1000; a1821=0; a1822=0; a1823=0; a1824=0; a1825=0; a1826=0; a1827=0;
a1828=0; a1829=0; a1830=0;
a1901=0; a1902=0; a1903=0; a1904=0; a1905=0; a1906=0; a1907=0; a1908=0;
a1909=0; a1910=0; a1911=0; a1912=0; a1913=0; a1914=-1*R17/1000; a1915=···
-1*R19/1000; a1916=R20/1000; a1917=R21/1000; a1918=0; a1919=0; a1920=0;

a1921=0; a1922=0; a1923=0; a1924=0; a1925=0; a1926=0; a1927=0; a1928=0;
a1929=0; a1930=0;
a2001=0; a2002=0; a2003=0; a2004=0; a2005=0; a2006=0; a2007=0; a2008=0;
a2009=0; a2010=0; a2011=0; a2012=-1*R15/1000-1*R16/1000; a2013=R18/1000;
a2014=R17/1000; a2015=0; a2016=0; a2017=0; a2018=0; a2019=0; a2020=0;
a2021=0; a2022=0; a2023=0; a2024=0; a2025=0; a2026=0; a2027=0; a2028=0;
a2029=0; a2030=0;
a2101=0; a2102=0; a2103=0; a2104=0; a2105=0; a2106=0; a2107=0; a2108=0;
a2109=0; a2110=-1*R13/1000; a2111=R14/1000; a2112=R15/1000+R16/1000;
a2113=0; a2114=0; a2115=R19/1000; a2116=0; a2117=0; a2118=0; a2119=0;
a2120=R24/1000; a2121=0; a2122=R26/1000; a2123=R27/1000; a2124=0;
a2125=0; a2126=0; a2127=0; a2128=0; a2129=0; a2130=0;
a2201=0; a2202=0; a2203=0; a2204=0; a2205=0; a2206=0; a2207=-1*R10/1000;
a2208=R11/1000; a2209=-1*R12/1000; a2210=R13/1000; a2211=0; a2212=0;
a2213=0; a2214=0; a2215=0; a2216=0; a2217=0; a2218=0; a2219=0; a2220=0;
a2221=0; a2222=0; a2223=0; a2224=0; a2225=0; a2226=0; a2227=0; a2228=0;
a2229=0; a2230=0;
a2301=0; a2302=0; a2303=0; a2304=-1*R6/1000; a2305=R7/1000; a2306=···
-1*R9/1000; a2307=R10/1000; a2308=0; a2309=0; a2310=0; a2311=0; a2312=0;
a2313=0; a2314=0; a2315=0; a2316=0; a2317=0; a2318=0; a2319=0; a2320=0;
a2321=0; a2322=0; a2323=0; a2324=0; a2325=0; a2326=0; a2327=R8/1000;
a2328=0; a2329=0; a2330=0;
a2401=0; a2402=-1*R3/1000-1*R4/1000; a2403=R5/1000; a2404=R6/1000; a2405=0;
a2406=0; a2407=0; a2408=0; a2409=0; a2410=0; a2411=0; a2412=0; a2413=0;
a2414=0; a2415=0; a2416=0; a2417=0; a2418=0; a2419=0; a2420=0; a2421=0;
a2422=0; a2423=0; a2424=0; a2425=0; a2426=0; a2427=0; a2428=0; a2429=0;
a2430=0;
a2501=R1/1000+R2/1000; a2502=R3/1000+R4/1000; a2503=0; a2504=0; a2505=0;
a2506=R9/1000; a2507=0; a2508=0; a2509=0; a2510=0; a2511=0; a2512=0;
a2513=0; a2514=0; a2515=0; a2516=0; a2517=0; a2518=0; a2519=0; a2520=0;
a2521=0; a2522=0; a2523=0; a2524=R28/ 1000; a2525=0; a2526=0; a2527=0;
a2528=0; a2529=-1*Rx/1000; a2530=0;
a2601=0; a2602=0; a2603=R5/1000; a2604=0; a2605=0; a2606=0; a2607=0;
a2608=0; a2609=0; a2610=0; a2611=0; a2612=0; a2613=0; a2614=0; a2615=0;
a2616=0; a2617=0; a2618=0; a2619=0; a2620=0; a2621=0; a2622=0; a2623=0;

a2624=R28/1000; a2625=-1*R29/1000; a2626=0; a2627=0; a2628=0; a2629=0;
a2630=0;
a2701=0; a2702=0; a2703=0; a2704=0; a2705=-1*R7/1000; a2706=0; a2707=0;
a2708=0; a2709=0; a2710=0; a2711=0; a2712=0; a2713=0; a2714=0; a2715=0;
a2716=0; a2717=0; a2718=0; a2719=0; a2720=0; a2721=0; a2722=0; a2723=0;
a2724=0; a2725=-1*R29/1000; a2726=R30/1000; a2727=0; a2728=0; a2729=0;
a2730=0;
a2801=0; a2802=0; a2803=0; a2804=0; a2805=0; a2806=0; a2807=0; a2808=0;
a2809=0; a2810=0; a2811=-1*R14/1000; a2812=0; a2813=-1*R18/1000; a2814=0;
a2815=0; a2816=0; a2817=-1*R21/1000; a2818=-1*R22/1000; a2819=0; a2820=0;
a2821=-1*R25/1000; a2822=0; a2823=0; a2824=0; a2825=0; a2826=0; a2827=0;
a2828=R31/1000; a2829=0; a2830=0;
a2901=0; a2902=0; a2903=0; a2904=0; a2905=0; a2906=0; a2907=0; a2908=0;
a2909=R12/1000; a2910=0; a2911=0; a2912=0; a2913=0; a2914=0; a2915=0;
a2916=0; a2917=0; a2918=0; a2919=0; a2920=0; a2921=0; a2922=0; a2923=0;
a2924=0; a2925=0; a2926=0; a2927=0; a2928=0; a2929=Rx/1000; a2930=0;
a3001=1; a3002=0; a3003=0; a3004=0; a3005=0; a3006=0; a3007=0; a3008=0;
a3009=0; a3010=0; a3011=0; a3012=0; a3013=0; a3014=0; a3015=0; a3016=0;
a3017=0; a3018=0; a3019=0; a3020=0; a3021=0; a3022=0; a3023=0; a3024=0;
a3025=0; a3026=0; a3027=0; a3028=0; a3029=1; a3030=-1;

%%%%%%%%%%%%%%%% 输入向量 Y 的值 %%%%%%%%%%%%%%

y01=0; y02=0; y03=0; y04=0; y05=0; y06=0; y07=0; y08=0; y09=0; y10=0;
y11=0; y12=0; y13=0; y14=0; y15=0; y16=0; y17=0; y18=0; y19=0; y20=0;
y21=Unb; y22=0; y23=0; y24=0; y25=0; y26=0; y27=0; y28=0; y29=Ugb; y30=0;

%%%%%%%%%%%%%%%% 矩阵法解方程组 %%%%%%%%%%%%%%%

A=[a0101 a0102 a0103 a0104 a0105 a0106 a0107 a0108 a0109 a0110 a0111 a0112
   a0113 a0114 a0115 a0116 a0117 a0118 a0119 a0120 a0121 a0122 a0123 a0124
   a0125 a0126 a0127 a0128 a0129 a0130;...
   a0201 a0202 a0203 a0204 a0205 a0206 a0207 a0208 a0209 a0210 a0211 a0212
   a0213 a0214 a0215 a0216 a0217 a0218 a0219 a0220 a0221 a0222 a0223 a0224
   a0225 a0226 a0227 a0228 a0229 a0230;...
   a0301 a0302 a0303 a0304 a0305 a0306 a0307 a0308 a0309 a0310 a0311 a0312
   a0313 a0314 a0315 a0316 a0317 a0318 a0319 a0320 a0321 a0322 a0323 a0324
   a0325 a0326 a0327 a0328 a0329 a0330;...
   a0401 a0402 a0403 a0404 a0405 a0406 a0407 a0408 a0409 a0410 a0411 a0412

a0413 a0414 a0415 a0416 a0417 a0418 a0419 a0420 a0421 a0422 a0423 a0424 a0425 a0426 a0427 a0428 a0429 a0430;…

a0501 a0502 a0503 a0504 a0505 a0506 a0507 a0508 a0509 a0510 a0511 a0512 a0513 a0514 a0515 a0516 a0517 a0518 a0519 a0520 a0521 a0522 a0523 a0524 a0525 a0526 a0527 a0528 a0529 a0530;…

a0601 a0602 a0603 a0604 a0605 a0606 a0607 a0608 a0609 a0610 a0611 a0612 a0613 a0614 a0615 a0616 a0617 a0618 a0619 a0620 a0621 a0622 a0623 a0624 a0625 a0626 a0627 a0628 a0629 a0630; …

a0701 a0702 a0703 a0704 a0705 a0706 a0707 a0708 a0709 a0710 a0711 a0712 a0713 a0714 a0715 a0716 a0717 a0718 a0719 a0720 a0721 a0722 a0723 a0724 a0725 a0726 a0727 a0728 a0729 a0730;…

a0801 a0802 a0803 a0804 a0805 a0806 a0807 a0808 a0809 a0810 a0811 a0812 a0813 a0814 a0815 a0816 a0817 a0818 a0819 a0820 a0821 a0822 a0823 a0824 a0825 a0826 a0827 a0828 a0829 a0830;…

a0901 a0902 a0903 a0904 a0905 a0906 a0907 a0908 a0909 a0910 a0911 a0912 a0913 a0914 a0915 a0916 a0917 a0918 a0919 a0920 a0921 a0922 a0923 a0924 a0925 a0926 a0927 a0928 a0929 a0930;…

a1001 a1002 a1003 a1004 a1005 a1006 a1007 a1008 a1009 a1010 a1011 a1012 a1013 a1014 a1015 a1016 a1017 a1018 a1019 a1020 a1021 a1022 a1023 a1024 a1025 a1026 a1027 a1028 a1029 a1030;…

a1101 a1102 a1103 a1104 a1105 a1106 a1107 a1108 a1109 a1110 a1111 a1112 a1113 a1114 a1115 a1116 a1117 a1118 a1119 a1120 a1121 a1122 a1123 a1124 a1125 a1126 a1127 a1128 a1129 a1130;…

a1201 a1202 a1203 a1204 a1205 a1206 a1207 a1208 a1209 a1210 a1211 a1212 a1213 a1214 a1215 a1216 a1217 a1218 a1219 a1220 a1221 a1222 a1223 a1224 a1225 a1226 a1227 a1228 a1229 a1230;…

a1301 a1302 a1303 a1304 a1305 a1306 a1307 a1308 a1309 a1310 a1311 a1312 a1313 a1314 a1315 a1316 a1317 a1318 a1319 a1320 a1321 a1322 a1323 a1324 a1325 a1326 a1327 a1328 a1329 a1330;…

a1401 a1402 a1403 a1404 a1405 a1406 a1407 a1408 a1409 a1410 a1411 a1412 a1413 a1414 a1415 a1416 a1417 a1418 a1419 a1420 a1421 a1422 a1423 a1424 a1425 a1426 a1427 a1428 a1429 a1430;…

a1501 a1502 a1503 a1504 a1505 a1506 a1507 a1508 a1509 a1510 a1511 a1512 a1513 a1514 a1515 a1516 a1517 a1518 a1519 a1520 a1521 a1522 a1523 a1524 a1525 a1526 a1527 a1528 a1529 a1530;…

a1601 a1602 a1603 a1604 a1605 a1606 a1607 a1608 a1609 a1610 a1611 a1612
a1613 a1614 a1615 a1616 a1617 a1618 a1619 a1620 a1621 a1622 a1623 a1624
a1625 a1626 a1627 a1628 a1629 a1630;…
a1701 a1702 a1703 a1704 a1705 a1706 a1707 a1708 a1709 a1710 a1711 a1712
a1713 a1714 a1715 a1716 a1717 a1718 a1719 a1720 a1721 a1722 a1723 a1724
a1725 a1726 a1727 a1728 a1729 a1730;…
a1801 a1802 a1803 a1804 a1805 a1806 a1807 a1808 a1809 a1810 a1811 a1812
a1813 a1814 a1815 a1816 a1817 a1818 a1819 a1820 a1821 a1822 a1823 a1824
a1825 a1826 a1827 a1828 a1829 a1830;…
a1901 a1902 a1903 a1904 a1905 a1906 a1907 a1908 a1909 a1910 a1911 a1912
a1913 a1914 a1915 a1916 a1917 a1918 a1919 a1920 a1921 a1922 a1923 a1924
a1925 a1926 a1927 a1928 a1929 a1930;…
a2001 a2002 a2003 a2004 a2005 a2006 a2007 a2008 a2009 a2010 a2011 a2012
a2013 a2014 a2015 a2016 a2017 a2018 a2019 a2020 a2021 a2022 a2023 a2024
a2025 a2026 a2027 a2028 a2029 a2030;…
a2101 a2102 a2103 a2104 a2105 a2106 a2107 a2108 a2109 a2110 a2111 a2112
a2113 a2114 a2115 a2116 a2117 a2118 a2119 a2120 a2121 a2122 a2123 a2124
a2125 a2126 a2127 a2128 a2129 a2130;…
a2201 a2202 a2203 a2204 a2205 a2206 a2207 a2208 a2209 a2210 a2211 a2212
a2213 a2214 a2215 a2216 a2217 a2218 a2219 a2220 a2221 a2222 a2223 a2224
a2225 a2226 a2227 a2228 a2229 a2230;…
a2301 a2302 a2303 a2304 a2305 a2306 a2307 a2308 a2309 a2310 a2311 a2312
a2313 a2314 a2315 a2316 a2317 a2318 a2319 a2320 a2321 a2322 a2323 a2324
a2325 a2326 a2327 a2328 a2329 a2330;…
a2401 a2402 a2403 a2404 a2405 a2406 a2407 a2408 a2409 a2410 a2411 a2412
a2413 a2414 a2415 a2416 a2417 a2418 a2419 a2420 a2421 a2422 a2423 a2424
a2425 a2426 a2427 a2428 a2429 a2430;…
a2501 a2502 a2503 a2504 a2505 a2506 a2507 a2508 a2509 a2510 a2511 a2512
a2513 a2514 a2515 a2516 a2517 a2518 a2519 a2520 a2521 a2522 a2523 a2524
a2525 a2526 a2527 a2528 a2529 a2530;…
a2601 a2602 a2603 a2604 a2605 a2606 a2607 a2608 a2609 a2610 a2611 a2612
a2613 a2614 a2615 a2616 a2617 a2618 a2619 a2620 a2621 a2622 a2623 a2624
a2625 a2626 a2627 a2628 a2629 a2630;…
a2701 a2702 a2703 a2704 a2705 a2706 a2707 a2708 a2709 a2710 a2711 a2712
a2713 a2714 a2715 a2716 a2717 a2718 a2719 a2720 a2721 a2722 a2723 a2724

```
a2725 a2726 a2727 a2728 a2729 a2730;…
a2801 a2802 a2803 a2804 a2805 a2806 a2807 a2808 a2809 a2810 a2811 a2812
a2813 a2814 a2815 a2816 a2817 a2818 a2819 a2820 a2821 a2822 a2823 a2824
a2825 a2826 a2827 a2828 a2829 a2830;…
a2901 a2902 a2903 a2904 a2905 a2906 a2907 a2908 a2909 a2910 a2911 a2912
a2913 a2914 a2915 a2916 a2917 a2918 a2919 a2920 a2921 a2922 a2923 a2924
a2925 a2926 a2927 a2928 a2929 a2930;…
a3001 a3002 a3003 a3004 a3005 a3006 a3007 a3008 a3009 a3010 a3011 a3012
a3013 a3014 a3015 a3016 a3017 a3018 a3019 a3020 a3021 a3022 a3023 a3024
a3025 a3026 a3027 a3028 a3029 a3030;]
Y=[y01 y02 y03 y04 y05 y06 y07 y08 y09 y10 y11 y12 y13 y14 y15 y16 y17
   y18 y19 y20 y21 y22 y23 y24 y25 y26 y27 y28 y29 y30]´
X=A\Y
  %%%%%%%%%%%%   显示质量流量的计算结果   %%%%%%%%%%%
  disp(´I1=´)
  disp(X(1))
  disp(´I2=´)
  disp(X(2))
  disp(´I3=´)
  disp(X(3))
  disp(´I4=´)
  disp(X(4))
  disp(´I5=´)
  disp(X(5))
  disp(´I6=´)
  disp(X(6))
  disp(´I7=´)
  disp(X(7))
  disp(´I8=´)
  disp(X(8))
  disp(´I9=´)
  disp(X(9))
  disp(´I10=´)
  disp(X(10))
  disp(´I11=´)
```

```
disp(X(11))
disp('I12=')
disp(X(12))
disp('I13=')
disp(X(13))
disp('I14=')
disp(X(14))
disp('I15=')
disp(X(15))
disp('I16=')
disp(X(16))
disp('I17=')
disp(X(17))
disp('I18=')
disp(X(18))
disp('I19=')
disp(X(19))
disp('I20=')
disp(X(20))
disp('I21=')
disp(X(21))
disp('I22=')
disp(X(22))
disp('I23=')
disp(X(23))
disp('I24=')
disp(X(24))
disp('I25=')
disp(X(25))
disp('I26=')
disp(X(26))
disp('I27=')
disp(X(27))
disp('I28=')
disp(X(28))
```

```
disp('I29=')
disp(X(29))
disp('I30=')
disp(X(30))
%%%%%%%% 根据质量流量分布求解结果求解节点压力分布 %%%%%%%%
N20=0.0049    %%%% 凝汽器压力值给定，作为压力分布求解的基点
N15=N20+Unb-R27/1000*I23
N1=N15+Ugb-R1/1000*I1
N2=N1-R2/1000*I1
N3=N2-R28/1000*I24
N4=N3-R5/1000*I3
N5=N4-R7/1000*I5
N6=N5-R8/1000*I27
N7=N6-R11/1000*I8
N8=N7-R14/1000*I11
N9=N8-R18/1000*I13
N10=N9-R21/1000*I17
N11=N10-R22/1000*I18
N12=N3-R3/1000*I2
N13=N12-R4/1000*I2
N14=N13-R9/1000*I6
N16=N8-R15/1000*I12
N17=N16-R16/1000*I12
N18=N17-R19/1000*I15
N19=N18-R24/1000*I20
N20=N19-R26/1000*I22
Nx= N14-Rx/1000*I29
%%%%%%%%%%%%% 显示节点压力的计算结果 %%%%%%%%%%%%
disp('N1=')
disp(N1)
disp('N2=')
disp(N2)
disp('N3=')
disp(N3)
disp('N4=')
```

```
disp(N4)
disp('N5=')
disp(N5)
disp('N6=')
disp(N6)
disp('N7=')
disp(N7)
disp('N8=')
disp(N8)
disp('N9=')
disp(N9)
disp('N10=')
disp(N10)
disp('N11=')
disp(N11)
disp('N12=')
disp(N12)
disp('N13=')
disp(N13)
disp('N14=')
disp(N14)
disp('N15=')
disp(N15)
disp('N16=')
disp(N16)
disp('N17=')
disp(N17)
disp('N18=')
disp(N18)
disp('N19=')
disp(N19)
disp('Nx=')
disp(Nx)
```

3.3.2.1 节中汽轮机第一级段热效率模型求解的 **MATLAB** 源程序

```
%% 计算汽轮机第一级段热效率模型，用 3 次方公式拟合，并画出拟合结果 %%
y1=[9.517,9.972,10.076,10.083,10.617]´   %根据表 3-1 中数据输入热效率向量
（表 3-1 中数据保留两位小数）
x1=[899.2 654.69 435.16 353.29 270.39]   %根据表 3-1 中数据输入工质流量向量
xx1=linspace(1,1,5)
Vd1=[x1(:).^3 x1(:).^2 x1(:) xx1(:)]
a1=Vd1\y1
x=900:-1:0;
z1=x.^3;
z2=x.^2;
z3=x;
z4=linspace(1,1,901)
R1=[z1(:) z2(:) z3(:) z4(:)]*a1
plot(x1,y1,´.´,´MarkerSize´,20)
hold on
plot(x,R1)
hold off
%% 计算汽轮机第一级段热效率模型，用 4 次方公式拟合，并画出拟合结果 %%
hold on
y1=[9.517,9.972,10.076,10.083,10.617]´
x1=[899.2 654.69 435.16 353.29 270.39]
xx1=linspace(1,1,5)
Vd14=[x1(:).^4 x1(:).^3 x1(:).^2 x1(:) xx1(:)]
a14=Vd14\y1
x=900:-1:0;
z0=x.^4;
z1=x.^3;
z2=x.^2;
z3=x;
z4=linspace(1,1,901)
R14=[z0(:) z1(:) z2(:) z3(:) z4(:)]*a14
plot(x1,y1,´.´,´MarkerSize´,20)
hold on
```

```
plot(x,R14,'r')
hold off
```

4.5.1.2 节中求解热力系统100%THA工况下增加0号高加流体网络模型的MATLAB源程序

```
%%%%%%%%%%%%%%% 输入水泵进出口压差 %%%%%%%%%%%%
eqnb=sym('Unb=2')              %设定凝结水泵压力
eqgb=sym('Ugb=26.83')          %设定给水泵压力
%%%%%%%%%%%%%%%%%%% 设定流阻值(源程序中流阻单位已换算成MPa·t/h) %%%%%%%%%%%%%
eq1=sym('R1=3.47')
eq2=sym('R2=6.678535')
eq3=sym('R3=3.117228')
eq4=sym('R4=30.67485')
eq5=sym('R5=2.128559')
eq6=sym('R6=1.60062')
eq7=sym('R7=0.501945')
eq8=sym('R8=1.950684')
eq9=sym('R9=14.73363')
eq10=sym('R10=1.206226')
eq11=sym('R11=1.540928')
eq12=sym('R12=6.459457')
eq13=sym('R13=1.617053')
eq14=sym('R14=0.459647')
eq15=sym('R15=0.637996')
eq16=sym('R16=7.41966')
eq17=sym('R17=0.266473')
eq18=sym('R18=0.480699')
eq19=sym('R19=1.686805')
eq20=sym('R20=0.128247')
eq21=sym('R21=0.231584')
eq22=sym('R22=0.072894')
eq23=sym('R23=0.046125')
eq24=sym('R24=0.368421')
eq25=sym('R25=0.03364')
eq26=sym('R26=0.123533')
```

eq27=sym（´R27=1.49388´）

eq28=sym（´R28=11.91441´）

eq29=sym（´R29=702.4211´）

eq30=sym（´R30=895.1886´）

eq31=sym（´R31=18.01767´）

eq32=sym（´R32=320´）

eq33=sym（´R33=600´）

%%%%%%%%%%%%%%%% **输入流体网络模型方程组** %%%%%%%%%

eq34=sym（´I1=I24+I25+I26+I29´）

eq35=sym（´I24=I3+I2´）

eq36=sym（´I25+I3=I5+I4´）

eq37=sym（´I27=I26+I5´）

eq38=sym（´I27=I8+I7´）

eq39=sym（´I8=I10+I11+I28´）

eq40=sym（´I11=I12+I13´）

eq41=sym（´I13=I14+I17´）

eq42=sym（´I17=I16+I18´）

eq43=sym（´I18=I19+I21´）

eq44=sym（´I30=I2+I29´）

eq45=sym（´I6=I30+I4´）

eq46=sym（´I9=I6+I7´）

eq47=sym（´I1=I9+I10+I23´）

eq48=sym（´I15=I12+I14´）

eq49=sym（´I20=I15+I16´）

eq50=sym（´I22=I19+I20´）

eq51=sym（´I23=I21+I22+I28´）

eq52=sym（´R25/1000*I21=R23/1000*I19+R26/1000*I22´）

eq53=sym（´R22/1000*I18+R23/1000*I19=R20/1000*I16+R24/1000*I20´）

eq54=sym（´R21/1000*I17+R20/1000*I16=R17/1000*I14+R19/1000*I15´）

eq55=sym（´R18/1000*I13+R17/1000*I14=R15/1000*I12+R16/1000*I12´）

eq56=sym（´R14/1000*I11+R15/1000*I12+R16/1000*I12+R19/1000*I15+···

　　　R24/1000*I20+R26/1000*I22+R27/1000*I23=R13/1000*I10+Unb´）

eq57=sym（´R11/1000*I8+R13/1000*I10=R10/1000*I7+R12/1000*I9´）

eq58=sym（´R7/1000*I5+R8/1000*I27+R10/1000*I7=R6/1000*I4+R9/1000*I6´）

eq59=sym（´R5/1000*I3+R6/1000*I4=R3/1000*I2+R4/1000*I30´）

```
eq60=sym('R32/1000*I29+R33/1000*I29=R28/1000*I24+R3/1000*I2')
eq61=sym('R1/1000*I1+R2/1000*I1+R32/1000*I29+R33/1000*I29+···
       R4/1000*I30+R9/1000*I6+R12/1000*I9=Ugb')
eq62=sym('R28/1000*I24+R5/1000*I3=R29/1000*I25')
eq63=sym('R30/1000*I26=R29/1000*I25+R7/1000*I5')
eq64=sym('R31/1000*I28=R25/1000*I21+R22/1000*I18+R21/1000*I17+···
       R18/1000*I13+R14/1000*I11')
```

%%%%%%%%%%%%%%%% 符号法解方程组 %%%%%%%%%%%%%%%%

```
S=solve(eq1,eq2,eq3,eq4,eq5,eq6,eq7,eq8,eq9,eq10,eq11,eq12,eq13,eq14,
   eq15,···eq16,eq17,eq18,eq19,eq20,eq21,eq22,eq23,eq24,eq25,eq26,eq27,
   eq28,eq29,···eq30,eq31,eq32,eq33,eq34,eq35,eq36,eq37,eq38,eq39,eq40,
   eq41,eq42,eq43,···eq44,eq45,eq46,eq47,eq48,eq49,eq50,eq51,eq52,eq53,
   eq54,eq55,eq56, eq57,···  eq58,eq59,eq60,eq61,eq62, eq63,eq64,eqnb,eqgb)
```

%%%%%%%%%%%%%%%% 显示质量流量 %%%%%%%%%%%%%%%%

```
disp('I1=')
disp(S.I1)
disp('I2=')
disp(S.I2)
disp('I3=')
disp(S.I3)
disp('I4=')
disp(S.I4)
disp('I5=')
disp(S.I5)
disp('I6=')
disp(S.I6)
disp('I7=')
disp(S.I7)
```

```
disp('I8=')

disp(S.I8)

disp('I9=')

disp(S.I9)

disp('I10=')

disp(S.I10)

disp('I11=')

disp(S.I11)

disp('I12=')

disp(S.I12)

disp('I13=')

disp(S.I13)

disp('I14=')

disp(S.I14)

disp('I15=')

disp(S.I15)

disp('I16=')

disp(S.I16)

disp('I17=')

disp(S.I17)

disp('I18=')

disp(S.I18)

disp('I19=')

disp(S.I19)

disp('I20=')

disp(S.I20)

disp('I21=')
```

```
disp(S.I21)

disp('I22=')

disp(S.I22)

disp('I23=')

disp(S.I23)

disp('I24=')

disp(S.I24)

disp('I25=')

disp(S.I25)

disp('I26=')

disp(S.I26)

disp('I27=')

disp(S.I27)

disp('I28=')

disp(S.I28)

disp('I29=')

disp(S.I29)

disp('I30=')

disp(S.I30)
```

%%%%%%%% 根据质量流量分布求解结果求解节点压力分布 %%%%%%%%

```
N15=N20+Unb-R27/1000*I23

N1=N15+Ugb-R1/1000*I1

N2=N1-R2/1000*I1

N3=N2-R28/1000*I24

N4=N3-R5/1000*I3

N5=N4-R7/1000*I5

N6=N5-R8/1000*I27

N7=N6-R11/1000*I8
```

```
N8=N7-R14/1000*I11

N9=N8-R18/1000*I13

N10=N9-R21/1000*I17

N11=N10-R22/1000*I18

N12=N3-R3/1000*I2

N13=N12-R4/1000*I30

N14=N13-R9/1000*I6

N16=N8-R15/1000*I12

N17=N16-R16/1000*I12

N18=N17-R19/1000*I15

N19=N18-R24/1000*I20

N21=N2-R32/1000*I29
```

%%%%%%%%%%%%% 显示节点压力的计算结果 %%%%%%%%%%%

```
disp('N1=')

disp(N1)

disp('N2=')

disp(N2)

disp('N3=')

disp(N3)

disp('N4=')

disp(N4)

disp('N5=')

disp(N5)

disp('N6=')

disp(N6)

disp('N7=')

disp(N7)

disp('N8=')
```

```
disp(N8)

disp('N9=')

disp(N9)

disp('N10=')

disp(N10)

disp('N11=')

disp(N11)

disp('N12=')

disp(N12)

disp('N13=')

disp(N13)

disp('N14=')

disp(N14)

disp('N15=')

disp(N15)

disp('N16=')

disp(N16)

disp('N17=')

disp(N17)

disp('N18=')

disp(N18)

disp('N19=')

disp(N19)

disp('N21=')
disp(N21)
```